# 김범준의
# 물리 장난감

# 김범준의 물리 장난감

## 일상 속 사물들에서 찾은 신기한 과학 원리

**초판 1쇄 펴냄** 2024년 5월 20일
**초판 2쇄 펴냄** 2024년 6월 20일

**지은이** 김범준
**편집** 김미선 김해슬
**디자인** 말리북
**본문 일러스트** 스튜디오 코스모스

**펴낸곳** 도서출판 이김
**등록** 2015년 12월 2일 (제2021-000353호)
**주소** 서울시 마포구 방울내로 70, 301호 (망원동)
**ISBN** 979-11-89680-54-1 (03420)

값 19,800원
-

# 김범준의

# 물리 장난감

일상 속 사물들에서 찾은
신기한 과학 원리

김범준

이다

# 들어가며
## 장난감을 통해 경이로운 세상 속으로!

저는 대학교에서 물리학을 가르칩니다. 두꺼운 물리 교과서에는 참 많은 내용이 들어 있어요. 사람들이 두려워하는 수식도 잔뜩 담겨 있죠. 가르치고 배워야 할 게 너무 많아서 대학교 물리학 수업은 정말 숨 가쁘게 진행됩니다. 화이트보드에 계속 이어지는 수식 계산에 지친 학생이 잠깐 눈길을 돌려 창문 밖을 바라봅니다. 파란 하늘에 뜬 흰 뭉게구름이 정말 아름다워 보입니다.

하늘이 왜 파란지, 하늘에 떠 있는 구름은 왜 떨어지지 않는지, 물리학은 수학의 모습을 띤 이론으로 자연 현상을 설명합니다. 하지만 수업에서 마주친 내용을 이해하려 애쓰는 학생은 방금 본 수식 자체에 정신을 빼앗깁니다. 그리고 바로 그 수식이 강의실 창밖의 구름 속 작은 물방울 얘기라는 것을 눈치채지 못합니다.

공기 중 물체의 낙하를 수식으로 설명할 때, 파란 하늘과 흰 구름, 그리고 그 속에서 떨어지는 물방울을 바라보며 물리를 감각할 수 있을까요? 저는 물리학 이론을 수식으로 설명하면서, 학생들이 그 현상을 직접 눈으로 보고 이해할 수 있기를 오래전부터 소망했습니다.

그래서 물리 원리가 적용된 간단한 장난감들을 모으기 시작했습니다. 너무 비싸거나 너무 커서 강의실에 가지고 가기 어려운 것들은 빼고요. 원래 물리 장난감으로 만들어진 것은 아니지만, 물리학의 원리를 보여줄 수 있는 작은 물건도 여럿 모았죠. 그날 수업 내용에 딱 맞춰 가져간 장난감을 교탁 위에 올려놓고 수업을 시작하면, 이제나저제나 제가 언제 그 장난감을 보여줄까 기대하며 학생들이 호기심 가득한 눈으로 수업에 집중하더라고요. 그렇게 하나, 둘, 셋, 제가 가진 물리 장난감이 조금씩 조금씩 늘어났습니다.

2020년 여름, 저의 물리학 장난감 컬렉션으로 작은 전시를 열었습니다. 그때 오신 분들이 장난감을 직접 만져도 보고 제 얘기도 재밌게 들어 주셨어요. 물론, 장난감 자랑도 하고 그 배경이 되는 물리학 얘기를 하는 제가 더 행복했죠. 이 책은 바로 그 전시회에서 시작되었습니다. 다시 한 번 당시 전시회를 멋지게 기획하고 진행한 도서출판 이김의 김미선 님께 깊은 고마움을 전합니다. 이후 네이버 프리미엄 콘텐츠 채널에 〈김범준의 물리장난감〉 연재를 시작했고, 그 글들이 모이고 수정, 보완을 거쳐 이제 책으로 엮여 나옵니다. 연재한 내용을 책으로 출판하는 것을 양해해 주신 네이버에도 감사드립니다. 제 유튜브 채널 '범준에 물리다'에서도 실험 동영상을 준비하고 있으니 지켜봐 주세요. 제가 쓰면서 그랬듯, 여러분도 재밌게 이 책을 읽어 주시기를 바랍니다.

우리 일상, 여러분 바로 곁에도 신기하고 재미있는 물리 현상이 많습니다. 너무 익숙해서 한 번도 깊게 생각해 보지 않았어도, 물리학으로 이해하고 설명할 수 있는 것이 제법 많아요. 너무나 익숙해서 늘 당연하게 생각했던 현상을 물리학으로 설명할 수 있음을 깨달을 때 저는 등골이 오싹한 경이로움을 여전히 느낍니다. 세상도 경이롭고 물리학도 경이롭습니다. 이처럼 경이로운 물리학을 만들어 낸 우리 인간도 참 경이롭습니다.

2024년 5월
김범준

# 차례

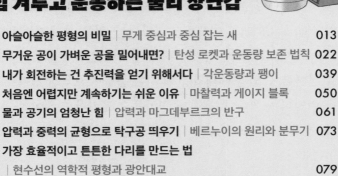

# PART 3
# 보고 듣고 느끼는 물리 장난감

# PART 1

# 힘 겨루고 운동하는
# 물리 장난감

# 아슬아슬한
## 평형의 비밀

무게 중심과
중심 잡는 새

플라스틱 새의 부리를 손가락 위에 올리면 까딱까딱 움직이면서 스스로 중심을 잡는 장난감이 있습니다. 아니, 부리 하나만 닿아 있을 뿐인데 어떻게 이렇게 평형을 유지하는 것일까요? 플라스틱 장난감 새가 마치 살아서 움직이는 것처럼 말입니다.

이 새의 이름은 중심 잡는 새(balancing bird)입니다. 중심 잡는 새를 처음으로 만든 사람은 확실히 알려지지 않았지만, 1906년 미국의 존 N. 화이트하우스라는 사람이 이것의 시초라고 할 만한 새 모양 장난감에 특허를 신청해 그다음 해에

출원한 기록이 남아 있습니다. 100여 년 전 사람들도 혼자 중심을 잡고 버티는 새가 신기하고 재미있었나 봅니다. 이렇듯 짧지 않은 역사를 가진 중심 잡는 새에 어떤 원리가 숨어 있을까요?

> **무게 중심(center of gravity)**
> 물체에 작용하는 지구의 중력이 한 점에 작용한다고 가정할 때 그 위치가 어디인지를 말하는 물리학 개념.

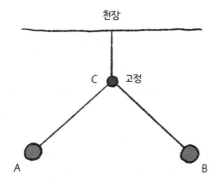

그림2 | 중심 잡는 새의 구조를 도식화한 모습.

## ● 중심 잡는 새의 비밀

교과서에나 나올 법한 그림이 왜 갑자기 나왔냐고요? 사실, 이 그림이 중심 잡는 새의 비밀을 설명해 줍니다. 천장에 실로 매단 C가 보입니다. A와 B는 쇠구슬이라고 합시다. 쇠구슬 A와 B는 딱딱한 막대로 C와 연결되어 있고요. 천장에 매단 실로 C를 고정하든 C의 아랫부분을 손가락 위에 가만히 올려놓든 중력의 작용 면에서 둘이 다를 것은 없어요. C가 중심 잡는 새의 부리에 해당하는 부분입니다. 이제 두 쇠구슬이 그림처럼 중심을 잡아서 가만히 있는 것이 별로 신기해 보이지 않죠?

이 그림을 더 간단히 줄여 봅시다. 바로 두 쇠구슬 A와 B의 '무게 중심'에 중력이 한데 작용한다고 상황을 단순화해 보는 것입니다. 질량이 같은 두 물체가 있을 때, 무게 중심은 당연히 둘의 한가운데에 있게 됩니다. 잠깐, 여기서 무게 중심은 두 물체에 작용하는 지구의 중력이 한 점에 작용한다고 가정할 때 그 위치를 가리키는 물리학 개념입니다. 밀도가 균일한 막대기라면 막대의 정중앙에 무게 중심이 놓입니다. 마찬가지로, 그림의 두 쇠구슬 A와 B의 무게 중심은 A와 B를 잇는 선분의 정중앙이 되겠죠. 이제 이 무게 중심에 A와 B 두 쇠구슬의 질량을 더한 만큼의 큰 쇠구슬인 M이 놓여 있는 상황을 다음처럼 그릴 수 있게 됩니다.

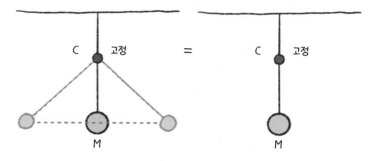

| 그림3 | A와 B에 작용하는 중력은, 둘의 무게 중심 M에 작용하는 중력과 같다고 할 수 있다.

더 간단한 그림을 보니 무게 중심을 이해할 수 있겠죠? 한 물체를 실에 매달고 엄지손가락과 집게손가락으로 실을 꼭 쥐고 있으면 물체가 수직 방향 아래에 놓여 가만히 있는 것이 당연합니다. 손가락 위에 부리를 놓고 까딱까딱하며 중심을 유지하는 장난감 새도 사실 중력이 작용하는 점, 즉 무게 중심의 관점에서 생각하면 이 그림과 다를 것이 없습니다. 다만, 이 그림과 같이 A와 B의 무게 중심 M이 점 C보다 아래에 있어야 하겠지요.

장난감 새를 앞에서 보면 새의 양쪽 날개 끝이 새의 부리보다 아래에 있는 것을 볼 수 있습니다. 새 전체의 무게 중심이 부리 끝보다 더 아래에 있어야 하기 때문입니다. 만약 새의 무게 중심이 부리 끝보다 위에 있으면 어떻게 될까요? 아래로 막대를 늘어뜨리는 것이 아니라 거꾸로 손바닥에 올려 놓은 것처럼 되어서 중심을 잡지 못하겠죠? 그러나 날개 끝이 부리 끝보다 아래에 놓이게만 하면, 양 날개 끝에 아무리 무거운 추를 매달더라도 혼자서도 균형을 잡을 수 있게 된답니다.

장난감 새가 손가락 위에서 떨어져 버리지 않고 중심을 잡는 이유는 이제 모두 이해했을 것 같아요. 그런데 손으로 툭 건드리거나 약간 기울였을 때 새가 좌우로 까딱까딱하는 건 왜 그럴까요? 새가 만약 왼쪽으로 조금 기울면 아래 그림과 같은 상황이 됩니다.

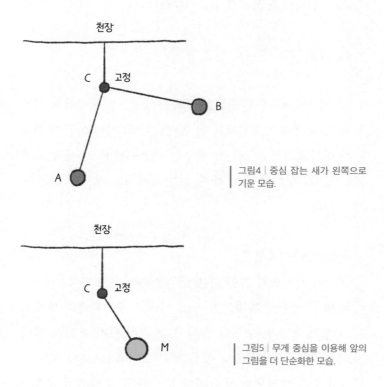

그림4 | 중심 잡는 새가 왼쪽으로 기운 모습.

그림5 | 무게 중심을 이용해 앞의 그림을 더 단순화한 모습.

이번에도 A와 B의 무게 중심을 그려 봅시다. A와 B가 움직이면 무게 중심 역시 이동합니다. 왼쪽으로 기운 새의 무게 중심은 수직 방향에서 오른쪽으로 옮겨지고, 따라서 마치 진자처럼 다시 원래의 위치로 돌아오려 하게 돼요. C와 무게 중심 M을 연결한 선이 지면에 정확히 수직인 지점에 도달해도, 진자의 속도가 0이 되는 것이 아니라서 움직임이 좌우로 반복됩니다. 다시 말해 중심 잡는 새가 좌우로 까딱까딱하는 것은 사실 진자의 움직임과 같은 원리입니다.

## ● 직접 구해 보는 무게 중심

3차원 물체의 무게 중심을 구하는 것은 3차원에서의 적분을 해야 해서 수학적으로는 쉽지 않습니다. 이 계산은 이공계학과 대학교에서 1학년 때 배우는 내용이에요. 대신 간단한 실험으로 일상에서 흔히 볼 수 있는 물체들의 무게 중심을 구해 봅시다.

### 공책의 무게 중심 찾기

손가락으로 잡기 쉬운 얇은 공책을 하나 준비하세요. 먼저 왼쪽 위 구석을 손가락으로 잡고 아래로 공책을 늘어뜨립니다. 가볍게 잡으면 공책이 잠시 후 가만히 정지해 있게 됩니다. 공책 위에 손가락으로 잡은 위치(그림6의 1번 위치)에서 시작해서 수직 방향으로 선을 하나 그어 보세요. 앞에서 설명한 것처럼 공책이 현재 이 모습으로 있는 이유는 공책의 무게 중심이 방금 그은 선 위에 있기 때문입니다. 무게 중심이 선 위어딘가에 있는 거죠.

자, 다음에는 공책의 오른쪽 위 구석(그림6의 2번 위치)을 손가락으로 살짝 잡고 마찬가지 방법으로 두 번째 선을 그어 보세요. 자 이제 공책의 무게 중심은 방금 그은 두 번째 선 위에도 있게 됩니다. 따라서 공책의 무게 중심은 바로 이 두 선이만나는 위치가 됩니다. 이제 공책을 수평 방향으로 눕히고, 위로 세운 집게손가락 끝에 무게 중심을 놓아 보세요. 공책이떨어지지 않고 균형을 유지할 것입니다.

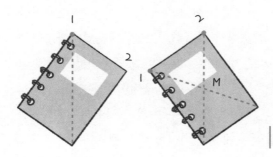

그림6 | 공책의 무게 중심을 구하는 방법.

### 막대기의 무게 중심 찾기

우산처럼 기다란 막대기라면 다른 방법을 쓸 수 있습니다. 양손 집게손가락을 뻗고 그 위에 우산을 올려 보세요. 처음 두 손가락의 위치는 아무 데나 괜찮습니다. 그리고는 가만히 눈을 감고 두 손가락이 서로 더 가까워지도록 손가락을 움직여 보세요. 단, 우산이 한쪽으로 기울어 떨어지면 실패입니다. 해 보면 한 번에 한 손가락만 움직일 겁니다. 두 손가락이 점점 가까이 오도록 움직이면 두 손가락은 결국 우산의 한 위치에서 만나게 됩니다. 바로 이곳이 우산의 무게 중심입니다.

어떻게 이렇게 쉽게, 심지어 눈을 감은 채 두 손가락만으로 우산의 무게 중심을 찾을 수 있을까요? 바로 손가락과 우산 사이의 마찰력 때문입니다. 책상 위에 물체를 놓고 위에서 누르면서 옆으로 밀면 잘 움직이지 않지요. 물체가 책상을 아래로 누르는 힘이 세지면 물체와 책상 사이의 마찰력도 커지거든요. 그럼 이제 우산과 손가락 사이의 마찰력을 생각해 봅시다. 우산을 지탱하고 있는 두 손가락은 각각 다른 세기의 마찰력을 받고 있습니다. 손가락과 우산의 무게 중심이 가까울수록 더 큰 힘이 작용해서 마찰력이 크기 때문입니다. 즉 무게 중심에서 더 먼 손가락에는 적은 마찰력이 작용하기에 더 쉽게 움직일 수 있어요. 따라서 매번 움직이는 손가락은 무게 중심에서 더 먼 손가락일 테고, 두 손가락 사이의 거리는 점점 줄어들다가 결국 무게 중심에서 만나게 됩니다.

## ● 평형의 조건은 무게 중심의 위치다!

무게 중심 원리로 이해할 수 있는 것은 정말 많아요. 요즘 홈 트레이닝이 대세인데, 그중 맨몸으로 간단히 할 수 있으면서 효과는 높은 '스쾃' 운동 자세를 떠올려 볼까요? 스쾃을 할 때는 팔을 앞으로 뻗거나 팔짱을 낍니다. 엉덩이를 뒤로 빼면서 자세를 낮추면 우리 몸의 무게 중심이 몸의 뒤쪽으로 이동하게 되니까 넘어지지 않으려면 팔을 앞으로 해야 하는 거죠.

사람이 가만히 평형을 유지하고 있을 수 있는 조건은 무엇일까요? 몸의 무게 중심을 지나는 직선을 지면과 수직이 되도록 긋고(중력이 작용하는 방향), 이 선이 땅과 만나는 위치를 보면 됩니다. 이 위치가 사람의 두 발 사이에 있어야 평형을 유지할 수 있어요. 만약 이 위치가 발보다 앞에 있으면 앞으로 쓰러지고 발보다 뒤에 있으면 뒤로 넘어져 엉덩방아를 찧게 됩니다.

무게 중심을 이용하면 나보다 힘이 센 사람을 의자에서 일어나지 못하게 할 수도 있습니다. 이 힘센 사람이 똑바로 허리를 펴고 의자에 앉게 하세요. 이 사람의 이마 가까이에 손가락을 드세요. 이 손가락에 그의 이마가 닿지 않도록 유지하며 일어나라고 해 보세요. 아마 절대 불가능할 겁니다. 머리를 앞으로 움직이지 못하게 하면 몸의 무게 중심을 두 발 사이에 오게 할 수 없기 때문입니다. 손가락 하나로 아주 힘센 사람도 일어나지 못하게 할 수 있는 거죠. 사실 여러분은 의자에서 일어날 때마다 '무게 중심의 원리'를 이용하고 있습니다.

# 무거운 공이
# 가벼운 공을 밀어내면?

### 운동량 보존 법칙과
### 탄성 로켓

크기가 다른 세 개의 공을 하나의 막대에
차례로 끼워 넣고, 마지막으로 작은 빨간색 공을 올립니다.
전체를 바닥에 수직으로 떨어뜨리면 맨 위에 있는 빨간색 공
이 엄청나게 빠른 속도로 위로 솟구칩니다.

지금 소개할 장난감은 아스트로 블라스터(Astro Blaster)라는
이름으로 판매되고 있는 '로켓'입니다. 탄성이 좋은 네 개의
공으로 만들어졌어요. 왜 이 장난감을 로켓이냐고 부르냐고
요? 로켓처럼 빠른 속력으로 가장 위에 있는 공이 솟구치는
모습을 볼 수 있거든요.

그림7 | 아스트로 블라스터라는 이름의 탄성 로켓 장난감.

이 제품은 미국 뉴저지에 본사를 둔 에드먼드사이언티픽에서 만들었습니다. 행성 느낌의 무늬가 그려진 플라스틱 소재의 공 세 개와 반투명한 빨간 공, 그리고 공들을 하나로 꿰는 막대가 함께 들어 있습니다. 튀어 나간 빨간 공을 못 찾는 경우도 많으므로 여분으로 두 개를 더 줍니다. 공이 눈 깜짝할 사이에 어디로 튈지 모르기 때문에 보안경은 필수입니다. (주의: 꼭 어른과 함께 사용하세요.)

저는 미국에서 열린 물리학회에 참석했다가 이 제품을 구입했어요. 한국에 돌아와 포장을 뜯고 처음 이 장난감을 떨어뜨려 보고는 깜짝 놀랐습니다. 위에 올린 빨간 공이 아주 빠르게 치솟아 방 천장에 꽝 하고 부딪히더군요. 너무 신기해서 매년 학생들에게 일반 물리학의 '운동량 보존 법칙' 부분을 가르칠 때마다 이 장난감을 들고 가서 보여 준답니다. 뉴욕대학교 물리학과 교수님들도 크리스마스 선물로 받은 아스트로 블라스터가 마음에 들었는지, 1995년 9월 발간된《물리학 교사(The Physics Teacher)》라는 잡지에 이 장난감에 대한 짧은 이야기를 풀어 놓았습니다. 슬로바키아 샤파릭대학교의 교수인 마리안 키레스도 이 장난감을 가지고 "아스트로 블라

스터: 다중 공 충돌의 환상 게임(Astroblaster-a fascinating game of multi-ball collisions)"이라는 논문을 썼죠. 그 정도로 매력 있는 친구입니다.

왜 이름을 아스트로 블라스터라고 붙였는지는 잠시 후에 알아보기로 하고, 여기에는 어떤 원리가 적용되어 있는지부터 살펴봅시다.

> **운동량 보존(momentum conservation)**
> 물체의 질량과 속도를 곱한 운동량의 총합이 충돌 전후에 변하지 않고 보존된다는 물리학의 중요 법칙.

이 장난감의 작동 원리는 두 가지 방법으로 이해할 수 있습니다. 첫 번째는 물리학의 운동량 보존 법칙과 에너지 보존 법칙을 수식으로 정리하고 풀어서 이해하는 직접적인 방법입니다. 이 장 뒷부분에 소개할 수식을 반복적으로 적용해 이 장난감의 작동 원리를 이해할 수 있는데, 수식을 꺼리지 않는 분들께 추천하는 방법입니다. 두 번째 방법도 있어요. 이어서 소개하는 방법입니다. 여러분은 딱 두 가지만 이해하시면 됩니다. 하나는 탄성이 좋은 물체가 $v$의 속력으로 딱딱한 바닥에 닿으면 방향을 바꾸어 같은 속력 $v$로 위로 튀어 오른다는 것입니다. 다른 하나는 '상대 속도'라는 개념입니다. 천천히 설명해 볼게요.

## ● 충돌하는 물체와 그걸 지켜보는 너

가벼운 탁구공을 딱딱한 책상에 떨어뜨려 보세요. 바닥에 닿은 탁구공은 방향을 바꿔 위로 튀어 오릅니다. 한편 책상은 제자리에 가만히 있죠. 탁구공이 책상에 닿을 때의 속력을 $v$라고 하면, 책상과의 충돌 후 탁구공의 속력은 어떻게 될까요? 충돌 과정에서 에너지의 손실이 없다면 책상과 부딪힌 탁구공은 전과 같은 $v$의 속력으로 방향만 바꿔 위로 튀어 오르게 됩니다. 평소에도 쉽게 볼 수 있는 현상이죠. 이런 충돌에서 도대체 어떤 일이 일어나는지 살펴봅시다.

두 마리의 파리가 있습니다. 파리 A는 책상에 앉아 있고, 파리 B는 떨어지는 탁구공을 곁눈으로 보면서 처음의 탁구공과 같은 속도로 나란히 내려가고 있습니다(탁구공도, 파리 B도 가속도 없이 일정한 속도로 움직이고 있습니다). 그림8에 나오는 것처럼, 탁구공이 책상에 충돌한 뒤에도 파리 B는 처음과 같은

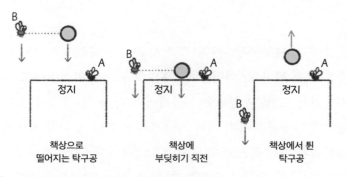

책상으로 떨어지는 탁구공 · 책상에 부딪히기 직전 · 책상에서 튄 탁구공

정지 · 정지 · 정지

| 그림8 | 책상에 앉아 있는 파리 A가 보는 파리 B와 탁구공.

속력으로 아래로 내려갑니다. 그럼 책상에 앉아 있는 파리 A의 관점을 생각해 봅시다. 충돌 전, 파리 A가 보기에는 탁구공과 파리 B가 함께 나란히 아래로 떨어지면서 자기 쪽으로 다가옵니다. 책상에 부딪힌 뒤, 탁구공은 자기로부터 멀어져 위로 올라갑니다. 한편 파리 B는 부딪히기 전의 속도로 계속 내려가는 것으로 보일 겁니다.

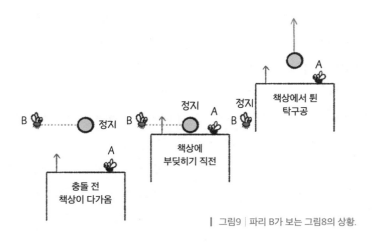

| 그림9 | 파리 B가 보는 그림8의 상황.

충돌 전 탁구공과 나란히 떨어지고 있는 파리 B는 어떤 모습을 보게 될까요? 여러분이 그림8에 등장한 파리 B라고 생각하면서 그림8의 상황을 상상해 봅시다. 충돌 전, 파리 B가 보기에 탁구공은 자기 옆에 가만히 머물러 있고, 책상 전체와 파리 A가 자기 쪽으로 다가옵니다. 그러니까, 충돌 전 파리 A는 '파리 B와 탁구공'이 자기를 향해 움직이는 모습을 보고,

파리 B는 자기 옆 탁구공은 정지해 있는데 '책상과 파리 A'가 자기를 향해 움직이는 모습을 보게 됩니다. 관찰자를 누구로 잡느냐에 따라 운동하는 것으로 보이는 주체가 달라졌습니다. 더 자세히 말하자면, '관찰자의 운동 상태가 달라지면 관찰자가 보는 물체의 속도가 달라집니다.' 이것이 바로 물리학의 상대 속도라는 개념입니다.

그럼 이제 파리 B가 보는 충돌 후의 모습을 살펴봅시다. 파리 B는 계속해서 처음과 같은 속도로 내려가기 때문에, 책상이 탁구공을 향해 다가오는 속력은 충돌 후에도 변하지 않을 겁니다. 즉, 탁구공과 책상의 충돌 후에도 파리 B가 보기에는 책상과 파리 A가 위를 향해 처음과 같은 속력으로 움직이고 있습니다. 그렇다면 책상과 충돌한 탁구공은 어떻게 보일까요?

그림8의 충돌 후 상황을 보죠. 파리 B는 아래로 $v$의 속력으로 움직이면서 반대 방향으로 $v$의 속력으로 올라가는 탁구공을 봅니다. 고속도로에서 시속 100km로 달리고 있는데 반대 차선에서 시속 100km로 멀어져 가는 차를 보는 것과 같은 상황이라는 것을 눈치챘나요? 맞습니다. 내 차 안에서 반대 차선의 차를 보면 시속 200km로 빠르게 멀어지는 것을 보게 되는 것과 정확히 같아요. 그림9의 파리 B는 충돌 후 상황에서 탁구공이 위로 $2v$의 속력으로 움직이는 것을 보게 됩니다. 여기까지 이해했으면 이제 아스트로 블라스터와 조금 더 가까워졌습니다.

## ● 골프공을 멀리 보내려면

그림9의 상황을 골프 치는 모습으로도 이해할 수 있습니다. 골프채를 시속 100km로 휘둘러 땅에 놓여 있는 골프공을 때리면 골프공은 어떻게 움직일까요?

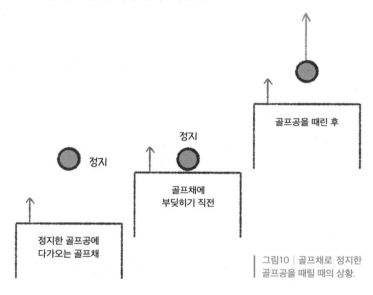

정지

정지 골프공에
다가오는 골프채

정지

골프채에
부딪히기 직전

골프공을 때린 후

그림10 │ 골프채로 정지한
골프공을 때릴 때의 상황.

그림9의 충돌 전 상황에서 탁구공 대신 골프공이 가만히 정지해 있다고 합시다. 위로 다가오는 책상은 이제 시속 100km로 골프공에 다가오는 무거운 골프채에 해당합니다. 세 번째 그림은 무거운 골프채가 골프공을 때린 뒤의 상황입니다. 책상을 골프채, 탁구공을 골프공으로 바꿔 생각했을 뿐 정확히 그림9의 세 번째 장면과 같다는 것을 알 수 있어요. 처

음에는 정지해 있던 골프공은, 골프채가 골프공을 때린 다음 골프채 속력의 두 배로 날아가겠지요. 그러니 시속 100km로 무거운 골프채를 휘두르면 골프공은 무려 시속 200km의 속도로 날아가게 됩니다. 물론 이론적인 결과입니다. 뒤에 나올 운동량 보존 법칙 수식에서 골프채의 머리 부분이 골프공보다 아주 무겁다고 가정할 수 있을 때의 결과죠. 어쨌든, 손으로 던지는 것보다 채를 휘둘러서 때리는 것이 골프공을 더 멀리 날아가게 할 수 있습니다. 혹시 관심 있는 분은 시속 100km로 날아오는 야구공을 시속 100km로 무거운 배트를 휘둘러 맞추면 공의 속도가 얼마가 될지도 생각해 보세요. (답은 이 꼭지 마지막에 적어 두겠습니다.)

## ● 탄성 로켓의 작동 원리

자, 이제 드디어 탄성 로켓 장난감의 원리를 자세히 설명할 수 있게 되었어요.

먼저 무거운 공 위에 가벼운 공을 살짝 올려놓고 둘을 함께 떨어뜨린다고 생각해 봅시다. 두 공은 같은 가속도로 자유낙하하니까, 바닥에 닿기 직전에는 같은 속력으로 아래로 떨어지고 있습니다. 이 속력을 $v$라 합시다. 둘 중 아래에 있는 무거운 공이 먼저 바닥에 닿습니다. 무거운 공은 바닥에 부딪혀 탄성 충돌(충돌 전후 계의 운동 에너지 총합이 일정한 충돌)한 뒤 방향을 바꿔 위로 $v$의 속력으로 움직입니다. 가벼운 공과 무

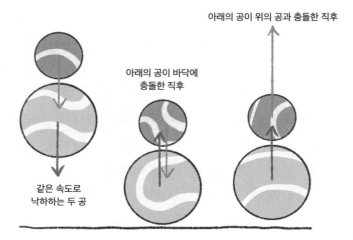

아래의 공이 위의 공과 충돌한 직후

아래의 공이 바닥에
충돌한 직후

같은 속도로
낙하하는 두 공

그림11 | (왼쪽) 아래로 같은 속력으로 떨어지는 두 공. (가운데) 아래에 놓인 무거운 공이 먼저 바닥에 충돌해 위로 튀어 오른다. (오른쪽) 아래의 공이 위에 놓인 가벼운 공과 충돌한다. 결국 가벼운 공은 처음 속력의 세 배의 속력으로 위쪽으로 올라간다.

거운 공 사이의 거리가 0은 아니므로 아주 짧은 시간 동안 무거운 공은 위로, 가벼운 공은 여전히 아래로 움직이고 있는 상황이 됩니다.

자, 그런데 사실 무거운 공 위에 파리 C가 올라타 있었다고 해 봅시다. 파리 C는 가벼운 공이 자신이 올라타 있는 무거운 공에 $2v$의 속력으로 다가와 충돌하는 것을 보게 됩니다. 왜 $2v$인가 하면, 무거운 공이 바닥을 딛고 다시 $v$의 속력으로 올라올 때 가벼운 공은 여전히 $v$의 속력으로 내려오고 있기 때문입니다. 두 공이 충돌한 직후, 파리 C의 눈에 가벼운 공은 다가올 때와 같이 $2v$의 속력으로 위로 올라갑니다.

바닥에 가만히 있는 우리 눈에는 이 상황이 어떻게 보일까요? 위로 $v$의 속력으로 올라가는 파리 C가 본 가벼운 공의 속력이 $2v$이므로, 바닥에 가만히 서 있는 우리 눈에 보이는 가벼운 공의 속력은 $3v$가 됩니다($v+2v=3v$). 신기하죠? 아주 무거운 공 위에 가벼운 공을 올리고 떨어뜨리면 잠시 뒤에는 떨어지던 속력의 무려 3배의 속력으로 가벼운 공이 위로 솟구치게 되는 것입니다. 탄성 로켓은 질량이 다른 공을 세 개 놓고 그 위에 가벼운 공을 올린 것이어서, 결국 가장 위에 놓인 빨간색 공은 세 배보다도 훨씬 빠른 속력으로, 마치 로켓을 쏜 것처럼 위로 솟구치게 됩니다. 얼마나 더 빠른지는 잠시 후 알려드릴게요.

이제 공이 여럿인 상황으로 일반화를 해 봅시다. 질량이 서로 다른 $N$개의 공이 아래부터 차례로 쌓여 있습니다. 공의 질량은 아래부터 $M_1$, $M_2$, $M_3$, ..., $M_N$이라 합시다. 이 $N$개의 공 전체를 함께 떨어뜨리려고 합니다. 문제를 쉽게 풀기 위해 $M_1 \gg M_2 \gg M_3 \gg \cdots$라고 가정합시다. '$\gg$'는 부등호의 왼쪽이 오른쪽보다 아주 크다는 뜻이므로, 위에 있는 공이 바로 아래에 있는 공에 비해 질량이 무척 작다는 뜻입니다. 여태까지 설명한 현상들도 모두 충돌하는 두 물체의 질량 차이가 무척 크다는 가정하에 성립하므로, 이번에도 같은 가정을 하는 겁니다.

바닥에 닿기 직전에는 모든 공이 $v$의 속력으로 아래로 떨어지고 있어요. $M_1$은 바닥에 충돌한 후 위 방향으로 $v$의 속력으로 올라가면서 $M_2$와 충돌합니다. 이렇게 되면 앞에서 설명한 것처럼, $M_2$의 속력은 가만히 바닥에 서 있는 우리 눈에는 $3v$로 보이겠죠. 이제 $3v$의 속력으로 위로 움직이는 $M_2$가 아래로 $v$의 속력으로 떨어지고 있던 $M_3$와 충돌하게 됩니다. $M_2$가 본 $M_3$의 속력은 $4v$입니다. $M_2$와 $M_3$의 충돌 후, $M_2$에 올라타 있는 파리가 보기에 $M_3$는 방향을 바꿔 $4v$로 올라갑니다. 그런데 바닥에 가만히 서서 본 $M_2$의 속도가 $3v$이기 때문에, $M_3$가 위로 올라가는 속력은 무려 $7v$에 이릅니다.

이제 수식으로 정리해 보죠. $n$번째 공이 $v_n$의 속력으로 올라가면서 $v$의 속력으로 떨어지고 있는 $n+1$번째 공과 만난다고 할게요. $n$번째 공에 올라탄 파리가 본 $n+1$번째 공의 충돌 전 속도는 아래 방향으로 $v_n+v$입니다. 충돌 후에는 $n+1$번째 공의 방향이 바뀌어 $v_n+v$의 속력으로 올라가는 것을 보겠죠. 그런데 $v_n$으로 위로 움직이는 공에서 본 속도가 $v_n+v$이니까, 땅에 정지한 사람은 $n+1$번째 공이 $v_n+v+v_n$으로 올라가는 것을 보게 됩니다. 결국 $v_{n+1}=2v_n+v$라는 식을 얻게 되는군요. 이 식에 $n=1$을 대입하고 가장 아래에 있는 첫 번째 공이 바닥에 충돌 후 위로 움직이는 속력이 $v_1=v$라는 것을 이용하면 $v_2=2v_1+v=3v$로 앞에서 얻었던 것과 같은 결과를 얻게 됩니다. $v_{n+1}=2v_n+v$을 반복해서 적용하면 $v_3=2v_2+v=7v$, $v_4=2v_3+v=15v$가 되네요!

모두 $N$개의 공이 있다면 어떤 결과를 얻을 수 있을까요? 약간 요령을 부리면 쉽게 계산할 수 있답니다. $v_{n+1}=2v_n+v$라는 방정식을 요리조리 만지면 $(v_{n+1}+v)=2(v_n+v)$의 꼴로 적을 수 있어요. 그리고 $v_n+v$를 $a_n$로 바꿔 적으면 $a_{n+1}=2a_n$이므로 고등학교 수학에서 배우는 등비수열이 되는군요. 공비가 2이고 초항이 $2v$인 등비수열의 일반항을 구해서 계산하면 아래 수식을 얻게 됩니다.

$$v_n=a_n-v=(2v)2^{n-1}-v=(2^n-1)v$$

공의 숫자가 늘어나면 가장 위에 있는 공이 위로 치솟는 속력은 2의 거듭제곱의 꼴로 빠르게 늘어납니다. 아스트로 블라스터 제품에는 공이 모두 네 개 들어 있으니까 $N=4$이고, 그렇다면 전체가 바닥에 닿을 때의 속력의 무려 15배의 속력으로 가장 위에 놓인 공이 위로 솟구친다는 결론을 얻게 됩니다. 그런데 사실 조심할 것이 있어요. $M_1 \gg M_2 \gg M_3 \gg M_4$, 곧 각 공의 질량 차이가 매우 크다는 가정으로 진행한 계산이라서 현실에서는 15배까지는 되지 못합니다. 충돌 과정에서 어느 정도 에너지 손실도 있고요. 어쨌든 가장 위에 놓인 빨간색 공이 아주 빠르게 위로 솟구치는 이유를 이제 어느 정도 이해할 수 있겠지요?

## ● 장난감으로 미루어 상상해 보는 초신성 폭발

앞서 왜 이름을 아스트로 블라스터로 지었을지 알아보자고 했죠? 아스트로(astro)에는 별이라는 뜻이, 블라스트(blast)

에는 폭발이라는 뜻이 있어
요. 이 장난감은 바로 초신
성(supernova) 폭발을 설명하
는 간단한 역학적 모형이기
도 하답니다.

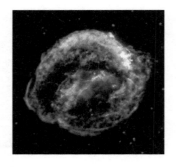

| 그림12 | 케플러 초신성 SN1604의 잔해.

큰 항성 안에서 핵융합
반응이 일어나면 먼저 수소
가 모여 헬륨이 됩니다. 그
리고 점점 더 무거운 원소가 연이은 핵융합 반응으로 만들어
져요. 결국 무거운 원소가 별의 중심에 동그랗게 모이고 그
위에는 이보다 가벼운 원소가 층층이 쌓인 형태로 별의 내부
가 구성됩니다. 모든 연료를 소진해서 핵융합 반응이 멈추면,
별의 중력으로 인해 모든 층의 물질이 별의 중심을 향해서 떨
어지게 됩니다.

자, 이 상황이 아스트로 블라스터의 움직임과 비슷하다는
것을 눈치챘나요? 별의 중심으로 낙하하던 여러 층은, 이제
별의 가장 안쪽 무거운 원소로 구성된 층부터 도로 튕겨서 밖
을 향해 빠르게 움직이게 돼요. 결국 별의 바깥쪽 부분은 엄
청난 속도로 우주 공간으로 날아가 흩어지게 됩니다.

겉으로는 불가사의하고 갑작스럽게 보이는 현상이라도 물
리학 법칙을 차근차근 적용하다 보면 이해할 수 있다는 점을
기억하면서, 다음 장난감으로 넘어가 봅시다. (앞에서 냈던 야
구공 문제의 답은 시속 300km입니다.)

# 물리 장난감
플러스

## ● 수식으로 이해하는 두 물체의 충돌

가벼운 탁구공의 질량을 $m$, 무거운 볼링공의 질량을 $M$이라고 합시다. 둘이 충돌하기 전, 탁구공은 $v$의 속도로 움직이고 있고 볼링공은 멈춰 있습니다. 전체 운동량은 탁구공의 운동량 $mv$가 됩니다. 충돌한 다음 볼링공의 속도가 $V$, 탁구공의 속도가 $v'$이 되었다면, 운동량 보존 법칙에 따라 다음과 같은 방정식을 적을 수 있습니다.

$$mv = MV + mv'$$

그런데 생각해 보면 문제가 있다는 것을 알 수 있어요. 우리는 충돌 후 두 공 각각의 속도 $v'$과 $V$를 알고 싶은데, 하나의 방정식으로 이 둘을 모두 알 수는 없죠. 이 문제에서 우리는 또 다른 식이 하나 더 필요합니다. 그러려면 탁구공과 볼링공의 충돌이 탄성 충돌이라는 점을 이용하면 됩니다. 잠깐, 탄성 충돌이 뭘까요?

탁구공과 볼링공이 부딪치는 것과 같이 에너지가 거의 손실되지 않는 충돌을 탄성 충돌이라고 합니다. 한편 계란을 바위에 던지는 것처럼 충돌 후 물체가 튕겨 나오지 않고 한 몸이 되는 경우는 비탄성 충돌 중에서도 극단적인 경우라서 '완전 비탄성 충돌'이라고 하구요. 탄성 충돌의 경우, 충돌 전후에 운동 에너지가 일정하게 보존됩니다. 에너지 보존 법칙을 적용하면 아래 식이 나옵니다.

$$\frac{1}{2}\,mv^2 = \frac{1}{2}\,MV^2 + \frac{1}{2}\,mv'^2$$

식의 왼쪽 변이 충돌 전의 운동 에너지, 그리고 식의 오른쪽 변이 충돌 후의 운동 에너지입니다. 이제 우리가 구하고 싶은 변수가 $v'$과 $V$로 두 개이고, 식도 두 개여서 충돌 후 두 물체가 각각 얼마나 빠르게 움직일지 계산할 수 있습니다. 이 두 식을 연립해서 정리하면 아래의 최종 결과를 얻게 됩니다.

$$v' = -\frac{M-m}{M+m}\,v$$

$$V = \frac{2m}{M+m}\,v$$

볼링공의 질량이 탁구공의 질량보다 아주 크니까, 첫 번째 식 오른쪽 변에서 분자와 분모의 크기가 거의 같다고 근사할 수 있습니다. 따라서 탁구공의 충돌 후 속도는 대략 $v'=-v$입니다. 한편 무거운 볼링공의 충돌 후 속도 $V$는 거의 0으로, 볼링공의 운동 상태는 거의 아무런 변화가 없죠. 우리가 예상했던 결과를 수식으로도 확인했습니다.

처음 질량이 $M$인 물체가 정지해 있지 않고 움직이고 있는 상황을 가정해 좀더 일반적인 식을 구해 보는 것도 추천합니다. 이렇게 얻은 식을 반복적으로 적용하면 탄성 로켓 장난감의 가장 위에 있는 빨간 공이 얼마나 빠르게 위로 치솟는지 계산해 볼 수 있어요.

## ● 지구인 모두가 함께 뛰면 지구가 흔들릴까?

재밌는 문제를 하나 내 볼게요. 수십억 인구가 모두 함께 북반구에 있는 5m 높이 나무 위에 올라서서는 "하나, 둘, 셋!" 신호에 맞춰 동시에 뛰어내리면 지구 전체가 남쪽으로 움직일까요? 지구가 둥글고 지구의 중력 방향은 지구의 중심 방향을 향하기 때문에, 사실 각자가 뛰어내려 지구에 전달하는 운동량의 방향은 위치에 따라 제각각이긴 해요. 하지만 한번 허무맹랑한 가정을 해 봅시다. 전체 질량이 $m$인 모두가 함께 5m 높이에서 수직 방향으로 질량이 $M$인 평평한 지구로 뛰어내린다고요. 충돌 후에 지구와 사람들은 한몸이 되어 $V$의 속도로 움직이게 됩니다. 완전 비탄성 충돌을 가정하자는 이야기죠. 자, 이제 앞에서 소개한 운동량 보존을 적용해 보면 다음과 같은 수식이 나옵니다.

$$mv=(M+m)V$$

이 식에 지구의 질량 $M=6\times10^{24}$kg, 그리고 넉넉잡은 지구인 전체의 질량 $m=100$억 명$\times60$kg$=6\times10^{11}$kg을 대입해 봅시다. 중력 가속도를 고려했을 때, 5m 높이에서 뛰어내리면 바닥에 닿을 때의 속도 $v$는 약 10m/s입니다. 계산해 보면 충돌 후 지구의 속도 $V=10^{-12}$m/s네요. 원자의 크기가 약 $10^{-10}$m니까, 100억 명의 사람이 동시에 뛰어내려도 지구는 1초 동안 원자 하나 크기의 100분의 1 정도 움직인다는 결과입니다. 우리 지구인 모두가 손을 꼭 잡고 상당히 높은 나무 꼭대기에서 함께 뛰어내려도 지구는 흔들리지 않는다는 결론입니다. 지구의 질량이 지구인 전체의 질량보다 훨씬 크기 때문입니다.

# 내가 회전하는 건
# 추진력을 얻기 위해서다

각운동량과
팽이

크리스토퍼 놀란 감독의 영화 〈인셉션
(Inception)〉에 등장한 팽이를 아나요? 꿈속에 나온 이 팽이는
멈추지 않고 계속 돕니다. 만약 이 팽이가 돌다가 쓰러지면
지금 보고 겪는 모든 것이 꿈이 아니라 현실이라는 것을 의미
하게 되어서, 영화 주인공이 꿈과 현실을 구분하려고 쓰는 기
구죠. 영원히 쓰러지지 않는 팽이는 아니지만 정말 신기하게
오래 도는 팽이 장난감이 있습니다. 일본의 유키정밀에서 제
작한 작은 팽이입니다. 정밀 제조업 기술을 겨루는 전일본 코
마(팽이) 대전의 2012년 우승 작품이죠.

처음 이 팽이를 인터넷에서 보고 좀 망설였어요. 그냥 단순한 팽이인데 가격이 생각보다 좀 비싸 보였거든요. 한참 망설이다 구매했는데, 생각했던 것보다 팽이가 무척 작아서 한 번 놀랐고, 팽이를 돌려 보고는 정말 오랫동안 이

그림13 | 잠자는 팽이의 일종인 유키 팽이.

팽이가 쓰러지지 않고 돌아서 또 한 번 놀랐어요. 이 팽이처럼 제자리에서 똑바로 가만히 돌고 있는 팽이를 잠자는 팽이 (sleeping top)라고 합니다. 물리학과 학생이면 누구나 수강해야 하는 2학년 일반 역학 과목에서 회전 운동을 배울 때 잠자는 팽이를 다룹니다. 빙글빙글 도는 팽이의 회전 속도가 시간이 지나 줄어들면 결국 팽이의 회전축이 옆으로 기울게 된다는 것도 물리학의 이론으로 설명할 수 있어요. 회전 운동에 대한 물리학은 사실 좀 어려우니, 관심 있는 청소년은 물리학과에 진학하길(하하).

## ◉ 잠자는 팽이와 터키 팽이의 차이

제게는 또 다른 팽이 장난감이 있어요. 지인이 튀르키예에서 사 와 선물한 터키 팽이 장난감입니다. 이 팽이에 줄을 감고는 줄의 한쪽 끝을 손가락으로 잡고 가만히 늘어뜨리면 팽이가 줄을 중심으로 사방을 돕니다. 팽이의 회전축이 중력과

같은 방향이 아니라 중력에 대해 수직 방향인 거죠. 이렇게 옆으로 팽이가 계속 도는 것이 신기해 보이지만, 잠자는 팽이나 터키 팽이나 물리학의 각운동량 보존 법칙으로 이해할 수 있습니다.

그림14 | 회전축이 중력에 수직 방향인 터키 팽이.

> **각운동량(angular momentum)과 각운동량 보존 법칙**
> 외부에서 돌림힘(torque)이 작용하지 않는다면 물체는 일정한 회전축을 따라서 계속 같은 각속도로 회전한다. 입자 하나의 각운동량 L은 벡터(vector) 값이며, 원점에서 입자까지의 위치 벡터 r와 물체의 선운동량 벡터 p의 외적 (L=r×p)로 정의된다. L은 크기와 방향을 모두 가진 벡터이므로, 각운동량 보존 법칙은 각운동량의 방향과 크기가 모두 보존된다는 것을 뜻한다.

팽이의 각운동량의 크기는 회전 속도에 비례하고, 각운동량의 방향은 회전축 방향과 같아요. 각운동량 보존 법칙은 각운동량의 크기뿐 아니라 그 방향도 변하지 않음을 의미합니다. 제자리에서 도는 인셉션 팽이는 회전축이 중력과 같은 방향이어서 비록 중력이 있다고 해도 돌림힘이 작용하지 않아 각운동량 보존 법칙이 성립합니다. 바닥과의 마찰이 전혀 없다면 회전축의 방향도 변하지 않고 회전 속도도 변하지 않으면서 영원히 똑바로 돌 수 있죠. 단, 인셉션 팽이의 안정성은 회전 속도가 충분히 클 때만 성립합니다. 회전 속도가 일정값 이하로 줄어들면 회전축이 가만히 유지되지 못합니다. 꽤나 어려운 내용이니 지금은 이 정도만 이해하고 넘어가면 됩니다.

그럼 터키 팽이의 경우를 살펴볼까요. 앞서 말했듯 터키 팽이는 옆으로 누워서 회전합니다. 회전축이 중력 방향과 수직을 이루죠. 게다가 이 회전축은 중력 방향으로 뻗은 줄 주위를 회전합니다. 이처럼 회전축이 회전하는 운동이 바로 '세차 운동'입니다. 지구의 자전축도 사실 가만히 있지 못해요. 약 2만 6,000년을 주기로 회전하는 세차 운동을 하죠. 터키 팽이의 회전축이 회전하는 것도 세차 운동이랍니다. 터키 팽이가 세차 운동을 하는 것은 중력이 만들어 내는 돌림힘 때문이고요.

## ● 각운동량으로 팔 힘 키우기

이번 장난감, 원리가 꽤나 어렵지요? 그럴 만한 내용입니다. 너무 상세히 알아야겠다는 부담감은 버립시다. 뭐라도 돌면 각운동량이 생기고 각운동량을 변하게 하려면 돌림힘이 필요하다는 정도만 기억하기로 해요. 무거운 물체가 아주 빨리 회전하고 있다고 해 봅시다. 이 물체의 각운동량을 바꾸려면 외부에서 상당히 큰 돌림힘이 있어야 하는 거죠. 이 원리를 이용한 재밌는 운동 기구가 있어요. 바로 '파워 볼'입니다. 먼저 손목을 이용해서 파워 볼 안에 든 무거운 금속 공을 빠르게 돌립니다. 손목을 이용해 일정한 시간 간격으로 파워 볼을 규칙적으로 움직이면 안에 든 공이 점점 빨리 돌아요. 공이 빨리 돌면 커다란 각운동량을 갖게 되겠지요. 그러면 안쪽 공의 회전축이 변하면서 파워 볼을 잡고 있는 제 손에 큰 힘을 작용합니다. 이 상태라면 파워 볼 전체가 움직이지 않도록 꽉 쥐고 있는 것만으로 팔에 힘을 꽤 많이 줘야 합니다. 파워 볼로 팔 힘을 키울 수 있는 이유입니다.

그림15 | 각운동량을 손으로 느낄 수 있는 파워 볼.

# 물리 장난감 플러스

## ● 벡터와 외적

각운동량 보존을 수식으로 이해하려면 먼저 벡터와 벡터의 외적을 이해해야 합니다. 먼저, 물리학에서는 크기만 있고 방향은 없는 양을 스칼라(scalar), 크기와 방향을 모두 가진 양을 벡터(vector)로 구분해 부릅니다. 질량, 거리, 속력과 같은 양이 스칼라이고, 속도, 힘, 운동량 같은 양이 벡터입니다. 벡터를 종이 위에 표시할 때는 화살표 모양으로 그립니다. 화살표의 꼬리에서 머리를 향한 방향이 벡터의 방향이고, 화살표의 길이가 벡터의 크기에 해당합니다.

책에서는 벡터를 보통 굵은 활자체로 표시합니다($\mathbf{A}$). 알파벳 $A$ 위에 짧은 화살표를 그리기도 하구요($\vec{A}$). 벡터의 크기는 절댓값 기호를 이용해서 적기도 하고($|\mathbf{A}|$), 화살표 없이 $A$로 적기도 합니다.

화살표로 나타낼 수 있는 두 벡터 $\mathbf{A}$와 $\mathbf{B}$가 있습니다. 이 두 벡터를 곱해서 다른 벡터를 얻는 것이 바로 벡터의 외적입니다. 곱셈 표시(×)로 표현하기 때문에 크로스 곱(cross product)이라고도 하고, 두 벡터를 외적한 결과가 벡터이므로 벡터 곱

(vector product)이라고도 합니다. 두 벡터를 외적한 A×B도 벡터라서 크기와 방향을 정해 줘야 합니다. 먼저 A×B의 방향을 어떻게 구하는지 설명해 볼게요.

그림16의 $xy$ 평면에 두 벡터 A와 B가 놓여 있습니다. 그림의 벡터 A와 나란하도록 오른손의 네 손가락을 쭉 펴 보세요. 다음에는 손바닥은 그냥 그대로 둔 채 오른 네 손가락을 벡터 B쪽을 향해 구부립니다. 그다음 엄지손가락을 쭉 펴면 그 방향이 A×B의 방향입니다. A×B의 방향이 왜 그림처럼 되는지 오른손으로 확인해 보세요. A×B의 방향은 그림의 $xy$ 평면을 뚫고 나오는 방향으로, A의 방향과도 수직이고, B의 방향과도 수직입니다.

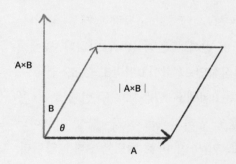

그림16 │ 두 벡터 A와 B를 외적한 결과는 새로운 벡터로, 두 벡터 모두와 수직을 이룬다.

그럼 두 벡터를 외적한 A×B의 크기 |A×B|는 어떻게 정해질까요? 그림에 평행사변형이 보이죠? 이 평행사변형의 면적이 바로 A×B의 크기랍니다. 그림 속 평행사변형의 면적은 |A×B|=$A \cdot B \cdot \sin\theta$입니다. 만약 두 벡터 A와 B가 같은 방향

이라면 $\theta=0$, 따라서 $\sin\theta=0$입니다. 평행한 두 벡터를 외적하면 그 결과는 0인 거죠. 자기와 자기의 사잇각은 0이니까 모든 벡터에 대해 자기와 자기를 외적하면 $\mathbf{A}\times\mathbf{A}=0$입니다. 한편 두 벡터 사이의 각도가 90도라면 $|\mathbf{A}\times\mathbf{B}|=A\cdot B\cdot\sin\theta=A\cdot B$입니다($\sin90°=1$).

## ● 각운동량 벡터

각운동량도 벡터입니다. 질량이 $m$인 물체의 위치 벡터를 $\mathbf{r}$, 속도 벡터를 $\mathbf{v}$, 선운동량 벡터 $\mathbf{p}=m\mathbf{v}$라고 한다면 각운동량 벡터 $\mathbf{L}=\mathbf{r}\times\mathbf{p}=m\cdot(\mathbf{r}\times\mathbf{v})$로 정의됩니다. 이 식의 양변을 시간에 대해 미분해 보죠. $\frac{d\mathbf{L}}{dt}=(\frac{d\mathbf{r}}{dt}\times\mathbf{p})+\mathbf{r}\times\frac{d\mathbf{p}}{dt}$가 되네요. 한편, 속도 벡터는 위치 벡터의 미분($\mathbf{v}=\frac{d\mathbf{r}}{dt}$)이고 운동량 벡터 $\mathbf{p}=m\mathbf{v}$라는 것을 이용하면 우변의 첫 번째 항은 $m\cdot(\mathbf{v}\times\mathbf{v})$입니다. 앞에서 벡터를 자기 자신과 외적하면 그 값이 0이라고 했죠? 결국 우변의 첫 번째 항 $\frac{d\mathbf{r}}{dt}\times\mathbf{p}$는 0이네요. 다음으로 두 번째 항 $\mathbf{r}\times\frac{d\mathbf{p}}{dt}$를 살펴보죠. 뉴턴의 운동 법칙 $\mathbf{F}=m\mathbf{a}=m\frac{d\mathbf{v}}{dt}=\frac{d\mathbf{p}}{dt}$를 이용하면 이 항은 $\mathbf{r}\times\mathbf{F}$와 같네요. 이 양이 바로 돌림힘 $\tau$(타우)입니다. 결국 $\frac{d\mathbf{L}}{dt}=\mathbf{r}\times\mathbf{F}=\tau$입니다.

## ● 각운동량 보존

이제 각운동량이 보존되는 조건을 생각해 볼 수 있게 되었어요. 물리학에서 어떤 양이 보존된다는 말의 의미는 그 양이 시간에 따라서 변하지 않는다는 이야기와 정확히 같아요. 시간에 따라서 변하지 않는다는 말은 그 양을 시간에 대해 미분하면 0이 된다는 것과 같습니다. 앞에서 얻은 식 $\frac{dL}{dt}$=r×F에서 만약 물체에 작용하는 힘이 없다면(F=0) $\frac{dL}{dt}$=0이 됩니다. 즉, 힘이 없다면 물체의 각운동량은 보존됩니다.

각운동량이 보존되는 훨씬 더 재밌는 예도 있습니다. 태양이 행성에 작용하는 중력의 방향은 행성에서 태양을 향하는 방향입니다. 태양이 있는 위치를 원점으로 하고, 태양에서 본 행성의 위치 벡터를 r라고 하면, 행성에 작용하는 태양의 중력은 r 벡터의 반대 방향이죠. $\frac{dL}{dt}$=r×F를 다시 가져와 봅시다. 중력의 경우 r과 F 사이의 각도 $\theta$가 180도여서, |r×F|=$r \cdot F \cdot \sin\theta$=0이 됩니다. 태양의 중력이 행성에 작용해도 그 방향이 행성에서 태양을 향하는 방향이어서 행성의 각운동량은 일정하게 보존됩니다.

## ● 케플러 제2법칙과 각운동량 보존 법칙

독일의 천문학자 요하네스 케플러는 행성의 운동에 관한 중요한 세 법칙을 발견했습니다. 첫 번째 법칙은 행성의 공전 궤도가 태양을 한 초점으로 한 타원이라는 것입니다. 세 번째 법칙은 행성 공전 궤도의 장반경의 세제곱이 행성 공전 주기의 제곱에 비례한다는 것이고요. 이번에 자세히 다룰 두 번째 법칙은 면적 속도 일정의 법칙입니다. 태양과 행성을 잇는 선분을 가정했을 때, 주어진 시간 간격 동안(예를 들어 하루) 이 선분이 쓸고 지나가는 면적은 행성이 궤도 위 어디에 있든 항상 같다는 것입니다. 그런데 케플러가 발견한 두 번째 법칙은 각운동량 보존 법칙과 정확히 같은 것입니다.

그림17을 보시죠. 이 그림에서 $d\theta$가 아주 작을 때 부채꼴의 면적 $dA$를 생각해 봅시다. 벡터의 외적의 크기가 어떻게 정의되는지 설명한 부분을 참고하면, 이 부채꼴의 면적은 두 벡터 $\mathbf{r}$와 $\mathbf{r}+d\mathbf{r}$를 외적해서 얻는 벡터 크기의 절반이 됩니다. 평행사변형 면적의 절반이니까요. 즉, $dA=\frac{1}{2}\cdot|\mathbf{r}\times(\mathbf{r}+d\mathbf{r})|$입니다. 그리고 $\mathbf{r}\times(\mathbf{r}+d\mathbf{r})=\mathbf{r}\times\mathbf{r}+\mathbf{r}\times d\mathbf{r}=\mathbf{r}\times d\mathbf{r}$죠. $\mathbf{r}\times\mathbf{r}$가 0이니까요. 이 부채꼴의 면적이 시간에 따라 변하는 비율, 즉 면적 속도는 다름 아닌 $\frac{dA}{dt}$입니다. 그리고 $\frac{dA}{dt}=\frac{1}{2}\cdot|\mathbf{r}\times\frac{d\mathbf{r}}{dt}|=\frac{1}{2}\cdot|\mathbf{r}\times\mathbf{v}|$입니다. 이 식과 앞에서 소개한 각운동량 $\mathbf{L}=\mathbf{r}\times\mathbf{p}=m\cdot(\mathbf{r}\times\mathbf{v})$를 비교하면 이제 우리는 케플러의 제2법칙에 등장하는 면적 속도를 각운동량을 이용해서 적을 수 있게 됩니다. 바로 $\frac{dA}{dt}=(\frac{1}{2}m)\cdot|\mathbf{L}|$입니다. 중력의 경우 각운동량 $\mathbf{L}$이 보존되고 따라서 $\frac{dA}{dt}$도 항상 일정하다는 것을 알 수 있죠.

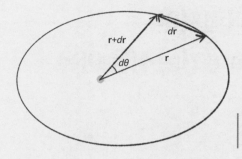

따라서 케플러 제2법칙인 면적 속도 일정의 법칙은 각운동량 보존 법칙과 같습니다. 행성의 각운동량이 일정하게 보존된다는 것은 태양이 행성에 미치는 힘의 방향이 행성에서 태양을 향하는 방향이라는 사실에서 증명할 수 있었어요. 물체 사이에 작용하는 힘, 곧 중심력(central force)이 두 물체를 잇는 직선 방향이면, 케플러 제2법칙은 성립합니다. 뉴턴이 발견한 중력의 법칙처럼 힘의 크기가 거리의 제곱에 반비례하든, 용수철에 매달린 물체처럼 거리에 비례하든 상관없어요. 심지어 어떤 우주에서 중력의 크기가 마치 용수철에 매달린 물체처럼 거리에 비례한다고 해도요.

# 처음엔 어렵지만
## 계속하기는 쉬운 이유

마찰력과
게이지 블록

어릴 때 빙판 위에서 작은 얼음 조각으로 친구들과 축구를 한 기억이 납니다. 발로 차면 얼음 조각이 미끄러지면서 아주 빠르게 먼 곳으로 내달았죠. 그런데 같은 얼음 조각이라도 빙판이 아닌 학교 운동장이라면 조금 움직이다가 금방 멈춥니다. 물리학에서는 이렇게 물체가 표면 위를 움직이다가 멈추는 것을 마찰력으로 설명합니다. 마찰력은 접촉하고 있는 두 물체가 무엇이고, 표면이 얼마나 거친지에 따라 결정됩니다. 같은 표면이라도 그 위에 어떤 물체를 두는지에 따라 둘 사이의 마찰력이 달라질 수 있는 것이죠.

땅바닥에 놓인 바위를 생각해 보세요. 그리 무겁지 않은 돌이라면 팔 힘으로 밀어서 옆으로 움직일 수 있습니다. 하지만 바위가 아주 무거우면 꿈쩍도 하지 않겠죠? 물체와 표면 사이의 마찰력은 이처럼 물체의 무게와 비례해서 커집니다. 그리고 같은 물체를 손으로 힘을 주어 위에서 아래로 표면을 향해 밀면 마찰력이 더 커지기도 하죠. 경사면을 따라 아래로 미끄러져 내려오는 동전을 손가락으로 경사면 쪽으로 밀었을 때 마찰력이 커져서 동전이 금방 멈추는 것을 떠올리면 쉽게 이해할 수 있어요.

중력이든, 누군가가 바닥을 향해 물체를 밀든, 마찰력의 세기는 물체 표면의 수직 방향으로 작용하는 전체 힘의 크기에 비례해요. 마찰력의 방향은 물체를 움직이려고 우리가 옆에서 미는 방향의 반대 방향입니다. 오른쪽으로 밀면 마찰력은 왼쪽으로, 왼쪽으로 밀면 마찰력은 오른쪽으로 작용합니다.

---

**마찰력(friction force)과 마찰 계수(coefficient of friction)**
물체에 작용하는 수직 방향 힘에 대한 반작용이 수직 항력이다. 표면 위에 놓인 물체와 표면 사이에는 물체의 운동 방향과 반대 방향이며 크기는 수직 항력($N$)에 비례하는 마찰력($f$)이 작용한다. 마찰력과 수직 항력의 비례 관계식($f \propto N$)의 비례 상수를 마찰 계수($\mu$)라고 한다($f = \mu N$). 정지한 물체가 움직이기 시작하기 바로 이전의 마찰력을 최대 정지 마찰력이라 하고, 물체가 움직일 때의 마찰력을 운동 마찰력이라 한다. 최대 정지 마찰력에 관계된 마찰 계수가 정지 마찰 계수, 운동 마찰력에 관계된 마찰 계수가 운동 마찰 계수다. 정지 마찰 계수가 운동 마찰 계수보다 크다.

# ● 레오나르도 다빈치의 마찰력 연구 노트

마찰력이 물체의 무게에 비례한다는 것을 처음 이야기한 사람은 다름 아닌 레오나르도 다빈치입니다. 다빈치는 바닥에 놓은 물체에 줄을 연결하고는 도르래를 통해서 줄에 무게 추를 달았어요. 점점 무게 추의 질량을 늘리면서 물체가 처음 움직이기 시작하려면 얼마나 무거운 추를 매달아야 하는지를 직접 실험으로 살펴봤죠. 그는 바닥에 놓은 물체의 무게가 두 배가 되면 물체가 마찰력을 이기고 움직인다는 것을 발견합니다.

레오나르도 다빈치가 남긴 노트에는 또 다른 흥미로운 이야기도 있습니다. 같은 물체라면 바닥 위에 세워 놓고 끌든 눕혀 놓고 끌든 마찰력의 크기가 동일하다는 것이죠. 레오나르도 다빈치가 남긴 노트에 있는 그림18을 보면 어떻게 다빈치가 이런 실험 결과를 얻었는지 쉽게 알아볼 수 있습니다.

물체를 세로로 높게 세우든, 아니면 같은 물체를 옆으로 길

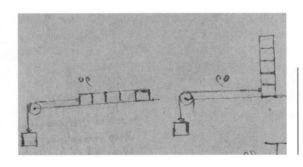

그림18 | 물체를 어떤 방향으로 바닥에 놓더라도 마찰력이 같다는 것을 발견한 레오나르도 다빈치의 그림.

게 눕히든, 두 경우에 마찰력이 같다는 사실이 신기하지 않나요? 물체가 바닥에 닿는 접촉면을 높은 배율의 돋보기로 확대해서 본다고 한번 상상해 보세요. 우리 눈에 매끈해 보여도 확대해서 보면 접촉면은 울퉁불퉁할 수밖에 없습니다. 따라서, 두 물체가 경계에서 만날 때 두 물체는 유한한 수의 접촉점에서 만나게 되는 것이죠. 접촉점의 개수를 $N$, 접촉점 하나의 평균 면적을 $a$라고 하면, 두 물체가 만나는 실제의 전체 접촉 면적은 $N \cdot a$라고 적을 수 있어요.

돋보기 없이 우리가 직접 눈으로 본 겉보기 접촉 면적은 두 물체 사이의 실제 접촉 면적과는 다릅니다. 물체를 길게 눕혀서 겉보기 접촉 면적이 크면(그림18의 왼편) 접촉점의 수 $N$은 늘어나지만 두 물체 사이의 압력이 작아서 접촉점 하나의 면적 $a$는 줄어들어요. 한편, 물체를 위로 세워 겉보기 접촉 면적이 작아지면(그림18의 오른편) 접촉점의 수는 적어도 압력이 커서 접촉점 하나의 면적은 늘어난다고 할 수 있습니다. 결국 위로 세우든, 옆으로 눕히든, 겉보기 접촉 면적이 달라져도 실제 접촉 면적 $N \cdot a$는 일정할 수 있죠. 마찰력의 크기는 겉보기 접촉 면적이 아니라 실제 접촉 면적이 결정하는 것이 당연하므로, 두 물체 사이의 마찰력은 물체를 세우든 눕히든 변하지 않는다는 것을 이해할 수 있습니다. 결국 마찰력의 크기와 물체의 무게(더 정확하게는 수직 항력) 사이의 비례 상수인 마찰 계수는 물체 표면의 특성으로 결정될 뿐, 물체를 놓은 방향이나 물체의 질량과는 무관합니다.

## ● 처음 밀 때는 어려워도 밀다 보면 쉬운 이유

동전을 책 위에 두고 책을 점점 더 기울이면 어떤 일이 생길까요? 기울기가 크지 않다면 동전과 책 사이의 정지 마찰력으로 동전은 아래로 미끄러지지 않습니다. 중력에 의해서 동전은 아래로 내려가려고 하는데, 책과 동전 사이의 정지 마찰력이 동전이 아래로 내려가지 못하게 붙잡고 있는 셈이죠. 점점 더 경사각을 크게 하면 동전은 중력의 영향으로 아래로 내려가려는 경향이 더 강해져요. 그러다가 경사각이 특정 각도를 넘어서는 순간 동전이 아래로 내려가지 못하게 붙잡고 있던 정지 마찰력이 더 이상 중력을 버티지 못하게 됩니다. 바로 이 순간 작용하는 정지 마찰력을 최대 정지 마찰력이라고 해요. 빗면을 따라 아래 방향으로 물체에 작용하는 중력이 최대 정지 마찰력보다 커지는 바로 그 순간 동전이 아래로 미끄러지기 시작하는 것이죠.

멈춰 있던 동전이 움직이기 시작한 바로 이 경사각을 그대로 유지하면서 관찰하면, 한번 움직이기 시작한 동전은 시간이 지나면서 점점 더 빠르게 빗면을 미끄러져 내려오는 것을 볼 수 있습니다. 물체가 움직일 때 작용하는 마찰력이 운동 마찰력입니다. 동전이 점점 더 빨라지는 이유는 중력보다 운동 마찰력이 더 작기 때문이죠. 이 관찰만으로도 운동 마찰력이 최대 정지 마찰력보다 크기가 작다는 것을 알 수 있습니다. 정지해 있던 동전이 움직일 때 갑자기 정지 마찰력 대신

운동 마찰력이 작용하게 되고, 운동 마찰력이 바로 이전 순간
의 정지 마찰력보다 작기 때문에 동전이 아래 방향으로 점점
가속하게 되는 것이죠.

## ● 게이지 블록 사이의 마찰력

앞에서 설명한 것처럼 두 물체 사이의 마찰 계수는 물체의
질량이나 모양과 무관해요. 각각의 물체가 어떤 물질로 구성
되어 있는지가 중요하죠. 그렇다면 순수한 두 물질 사이의 마
찰 계수를 구하려면 어떻게 해야 할까요? 먼저, 두 물체를 순
수한 원소만을 이용해 판판한 면을 가진 모습으로 만들고, 또
표면에 어떤 오염 물질도 없이 깨끗하게 세척하고는, 앞에서
동전을 이용해 실험한 것처럼 경사 각도를 변화시키면서 물
체가 움직이는 것을 관찰하면 될까요?

스웨덴의 칼 에드바르드 요한손이 발명한 게이지 블록은
블록의 길이를 아주 높은 정확도로 잘 맞춰 놓아서 정밀 금속
가공을 할 때 길이의 표준으로 사용할 수 있는 기구입니다.
표준화된 여러 길이의 블록을 다르게 배열해 나란히 붙여 놓
으면 여러 조합의 길이를 만들어 낼 수도 있습니다. 금속으로
만드는 게이지 블록은 사용 목적상 표면이 아주 균일하고 평
평해야 합니다.

같은 물질로 만든 두 게이지 블록 사이의 마찰 계수를 구
해 볼까요? 제가 미리 실험해 보았습니다. 아쉽게도, 깨끗하

| 그림19 | 허버트호프만GmbH의 게이지 블록 세트.

게 표면의 불순물을 제거한 두 게이지 블록의 마찰 계수 측정 실험은 실패했습니다. 경사 각도를 90°로 해도 두 블록이 딱 붙어서 움직이지 않으니 마찰 계수가 무한대라는 황당한 결과를 얻게 되는 것이죠. 아무런 불순물도 없고 표면이 아주 평평한 두 게이지 블록을 딱 붙여 놓으면, 각 물체의 원자가 아주 가까운 거리에 놓이게 됩니다. 같은 부호의 전하는 서로 밀어내고 다른 부호의 전하는 서로 잡아당기는 것이 전기력의 특성입니다. 결국, 첫 번째 원자의 음의 전하를 띈 부분은 두 번째 원자의 음의 전하를 띈 부분을 더 멀리 밀어내고 양의 전하를 띈 부분을 더 가깝게 잡아당기게 됩니다. 결국, 전

체적으로는 전기적인 중성이어도 원자의 전하 분포가 변해서 극성을 갖게 됩니다.

예를 들어 극성을 가진 두 원자를 나란히 놓으면 (- +) (- +) 꼴이 됩니다. 가만히 보면 첫 번째 원자(- +)의 + 부분이 두 번째 원자 (- +)의 - 부분과 가까이 있죠. 원자 하나하나는 전기적으로 중성이지만 두 원자가 서로 아주 가까워져서 서로 잡아당기는 힘이 작용하게 되는 것이죠. 이처럼 금속으로 만든 판판한 두 물체를 아주 가깝게 두면, 양쪽 표면에 있는 많은 원자 사이에 서로 잡아끄는 힘이 발생하고, 이로 말미암아 두 물체는 마치 한 몸처럼 딱 붙어 있으려고 하게 됩니다. 자석이 아니어도 말이죠. 결국 순수한 철과 철, 구리와 구리 사이의 마찰 계수를 정의하는 것은 거의 불가능에 가까운 일이 됩니다. 두 물체 표면이 좀 울퉁불퉁하거나 표면에 불순물이 있거나 해야 마찰 계수를 빗면 실험으로 측정할 수 있게 되는 것이죠.

완벽하게 평평하고 무한히 깨끗하면 마찰 계수를 잴 수 없다는 사실이 참 재밌지 않나요? 적당히 지저분하고 조금은 울퉁불퉁해야 마찰 계수를 잴 수 있다는 얘기입니다.

# 물리 장난감
플러스

## ● 마찰 계수를 측정해 보자!

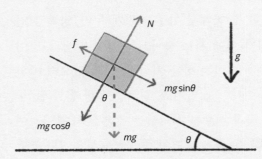

그림20 | 빗면에 놓인
물체에 작용하는 힘들.

경사각이 $\theta$인 빗면 위에 놓인 질량이 $m$인 물체에는 중력 ($mg$), 수직항력($N$), 그리고 마찰력($f$)이 그림처럼 작용합니다. 수직 방향으로 아래를 향하는 중력을 빗면에 평행한 성분 $mg \cdot \sin\theta$와 수직인 성분 $mg \cdot \cos\theta$로 나누고 각각의 방향에 대해 뉴턴의 운동 법칙을 적용하면 아래의 두 수식을 얻게 됩니다. 편의상 빗면을 따라 아래로 내려오는 방향을 $x$, 빗면에 수직인 방향을 $y$로 정했어요.

$$mg\sin\theta - f = ma_x$$

$$N - mg\cos\theta = ma_y = 0$$

$\theta = 20.0°$                    $\theta = 12.2°$

그림21 | 정지한 동전이 움직이기 시작하는 각도(왼쪽)와 동전이 등속으로 움직이는 각도(오른쪽).

물체는 빗면의 수직 방향($y$)으로는 움직이지 않아서 $y$ 방향의 가속도는 0이라는 것을 이용한 식입니다. 두 번째 식으로부터 물체의 수직 항력이 $N = mg \cdot \cos\theta$로 주어진다는 것을 알 수 있어요. 빗면 위에 동전을 가만히 두고 경사각을 천천히 증가시키는 첫 번째 실험에서 경사각이 $\theta_s$가 되는 순간 동전이 미끄러지기 시작했다면 바로 그 직전에는 $x$ 방향의 가속도도 0이었으므로, 첫 번째 식으로부터 $f = mg \cdot \sin\theta_s$를 얻게 됩니다. 그리고 이때의 마찰력이 바로 최대 정지 마찰력입니다. 정지 마찰 계수를 $\mu_s$라고 하면 $f = \mu_s N = mg \cdot \sin\theta_s$이고, 앞에서 얻은 $N = mg \cdot \cos\theta_s$를 이용하면 $\mu_s = \tan\theta_s$라는 결과를 얻게 됩니다. 즉, 책의 경사 각도를 조금씩 증가시키면서 동전이 미끄러지기 시작하는 바로 그 직전 순간의 경사각을 구해서 그 각도의 탄젠트(tan)값을 구하면 그 값이 바로 동전과 책 사이의 정지 마찰 계수가 되는 것이죠. 그림21의 왼쪽 사진이 바로 이때의 모습입니다. 이때의 경사 각도를 측정하니 $\theta_s=20.0°$였어요. 결국 제가 동전과 책으로 한 실험에서의 정지 마찰 계수의 값은 $\mu_s=\tan(20.0°)=0.36$이군요.

다음에는 동전이 등속으로 아래로 미끄러지는 상황을 생각해 보죠. 제가 실험할 때는 동전의 속도가 시간에 따라 어떻게 변하는지를 정확히 재지는 않았습니다. 대충 보기에 거의 같은 속도로 움직이고 있을 때의 각도를 쟀죠. 앞에서 적은 뉴턴의 운동 방정식의 풀이를 이 경우에도 똑같이 이용할 수 있어요. 동전이 정지해 있을 때, 그리고 등속으로 움직일 때, 두 경우 모두 $x$ 방향의 가속도가 0으로 같기 때문이죠. 결국 동전이 등속으로 움직이는 경사 각도를 측정해서 그 각도의 탄젠트(tan)값을 구하면 운동 마찰 계수 $\mu_k$를 구할 수 있습니다. 계산해 보니, $\mu_k=0.22$ 정도의 값이군요.

여러분도 비슷한 방법으로 정지 마찰 계수와 운동 마찰 계수를 구하는 실험을 해 보세요. 참고로 저는 100원짜리 동전을 이용했고, 헝겊으로 싸인 양장 책 『파인만의 물리학 강의』를 이용했습니다. 게이지 블록 이야기도 들어 있는 아주 유명하고 재밌는 책이랍니다.

# 물과 공기의
## 엄청난 힘

압력과
마그데부르크의 반구

두 개의 작은 플라스틱 반구를 맞대고 그
안의 공기를 주사기로 빼면 상당히 큰 힘으로 잡아당겨도 두
개의 반구가 떨어지지 않습니다. 우리가 살아가는 대기의 압
력이 상당히 크다는 것을 알 수 있는 재밌는 장난감입니다.
사실 이 장난감은 과학의 역사에서 유명한 '마그데부르크의
반구'를 흉내 낸 것이랍니다.

마그데부르크는 독일의 한 도시입니다. 이곳의 시장이자
과학자였던 오토 폰 게리케는 자신이 발명한 훌륭한 진공 펌
프를 이용한 실험을 사람들에게 보여 줍니다. 먼저, 지름이

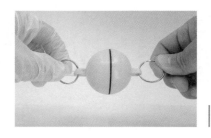

약 50cm인 금속으로 만든 반구를 맞대고 그 안에 들어 있는
공기를 진공 펌프로 뽑아냅니다. 그리고 밖의 공기가 안으로
들어가지 못하게 밸브를 닫고는 양쪽에서 여러 마리의 말이
서로 끌어당기게 했어요. 1654년에 황제 앞에서 첫 시연을 했
고, 1656년에는 마그데부르크에서 사람들에게 직접 이 실험
을 생생하게 보여 줬다고 합니다. 모두 열여섯 마리의 말을
왼쪽, 오른쪽으로 여덟 마리씩 나눠 힘껏 끌었는데도 반구가
떨어지지 않았다는 것을 보인 유명한 실험이 바로 '마그데부
르크의 반구 실험'입니다.

그림23 | 마그데부르크의 반
구 실험 풍경을 담은 가스파
르 쇼츠의 판화(1672).

압력(pressure)과 대기압(atmospheric pressure)
물과 공기 같은 유체 안에서 물체에 작용하는 단위 면적당 힘을 압력이라
한다. 대기를 구성하는 기체 분자의 질량과 중력으로 발생한 압력이 대기압
이다. 기압(atm)은 지표면 근처에서의 대기압을 기준으로 한 압력의 한 단
위이다.

## ● 느끼지 못하지만 정말 큰 대기압

우리가 숨 쉬며 살아가는 대기 안에도 압력이 있습니다.
지구를 두텁게 감싸고 있는 대기를 구성하는 기체 분자의 중
력이 압력을 만들어 내거든요. (기체 분자도 질량을 가지고 있습
니다.) 쉽게 깨닫지는 못하지만 1기압의 압력은 상당히 큽니
다. 한번 상상해 볼까요? 손바닥 위에 가로와 세로의 길이가
각각 1cm인 작은 정사각형을 그려 보세요. 1기압은 이 작은
정사각형 위에 무려 1L짜리 물병이 올라서 있을 때의 압력
에 해당한답니다. 대기 안에서 우리 몸은 모든 방향으로부터
1cm²당 1kgf(킬로그램힘) 또는 1kgw(킬로그램중)의 힘을 받고
있어요. 이처럼 큰 힘이 작용하고 있어도 우리 몸이 같은 모
습을 유지하는 이유는 우리 몸도 안에서 밖을 향해 같은 힘을
작용하고 있기 때문입니다.

만약 우리 몸이 진공 속에 있다면 무슨 일이 생길까요? 안
에서 밖을 향한 힘은 그대로인데 밖에서 안으로 미는 대기압
이 없어진다면 우리 몸은 바깥을 향해 부피가 팽창하게 됩니

다. 1990년에 개봉한 아놀드 슈워제너거 주연의 영화 〈토탈 리콜(Total Recall)〉의 마지막 부분에 화성 표면에 내동댕이쳐진 사람의 얼굴이 끔찍하게 부풀어 오르는 장면이 등장합니다. 압력 차이로 말미암아 피부에 가까운 모세 혈관을 통해 출혈이 발생하거나 마치 잠수병처럼 혈액에 거품이 생기거나 하는 위험은 분명히 있지만, 사람의 피부는 상당한 정도의 압력 차이가 있어도 잘 버틴다고 하는군요. 실제라면 영화처럼 사람 얼굴이 짧은 시간에 끔찍하게 변할 것 같지는 않지만 지금도 떠오르는 인상적인 장면입니다.

## ● 마그데부르크 반구 장난감이 버티는 무게

앞에서 소개한 마그데부르크 반구 장난감의 크기를 측정해 보았습니다. 지름이 약 4cm정도 되는군요. 반지름이 $R$인 구의 표면적은 $4\pi R^2$이니까 이 장난감 구의 전체 표면적은 약 50cm²가 됩니다. 이렇게 작은 구에 공기가 밖에서 안으로 작용하는 힘은 질량이 50kg인 물체의 중력과 같아요. 엄청난 힘이죠? 물론 이 장난감은 내부 공기를 작은 주사기로 빼기 때문에 안쪽을 완벽한 진공으로 만들 수는 없습니다. 그렇지만 이렇게 작은 마그데부르크 반구 장난감도 상당한 무게를 버틸 수 있습니다. 물 2L를 페트병에 담아서 매달아 보았는데, 이 정도 무게는 거뜬히 버티더라고요. 오토 폰 게리케가 마그데부르크에서 직접 시연한 반구는 반지름이 50cm였으니까

우리 장난감보다 훨씬 큽니다. 왜 여러 마리의 말이 양쪽에서 잡아당기는데도 두 반구가 떨어지지 않았는지 이제 이해할 수 있습니다.

## ● 압력 차를 이용한 사이펀 장치

유체의 압력을 이용한 재밌는 장치를 하나 더 소개할게요. 제가 어릴 때 어머니가 석유 풍로라는 장치로 요리를 하셨는데요, 풍로에 기름을 옮겨 담을 때 자바라 펌프를 사용했습니다. 자바라 펌프는 곧고 단단한 관과 잘 휘고 부드러운 관, 압력을 조정하는 펌프 부분으로 구성되어 있어요.

사용법은 이렇습니다. 곧은 플라스틱 관을 석유통에 꽂고, 호스의 반대쪽 끝을 풍로의 주유구에 넣어요. 석유통을 주입구보다 약간 위에 둔 뒤 빨간 펌프를 손으로 눌렀다가 떼면 석유가 관을 따라 올라옵니다. 관 전체가 석유로 가득 채워지면 펌프를 계속 누르지 않아도 석유가 계속 졸졸 흐르면서 옮겨 가게 할 수 있죠.

| 그림24 | 자바라 펌프.

같은 원리를 이용해 어떤 차에 든 연료를 몰래 빼서 자기 차로 옮기는 장면이 그려진 영화도 있었어요. 연료가 들어 있는 자동차 연료 통 안에 호스를 넣고, 입으로 호스의 다른 쪽 끝을 물고 연료를 빨아들이는 거죠. 연료가 입으로 들어오

기 직전에 호스의 끝을 손가락으로 막아 연료가 밖으로 새어 나오지 않게 한 뒤, 연료를 넣을 차의 주유구 깊이 넣는 겁니다. 그러면 한동안은 연료가 다른 차에서 내 차로 옮겨오게 돼요. 기름이 떨어져 차가 멈춘 비상 상황이라면 이런 일도 가능하다는 점만 떠올려 보세요. 자칫하면 휘발유를 삼키게 될 수 있으니 가능하면 긴급 출동 서비스를 이용하시고요!

다른 사람 차에서 몰래 호스로 휘발유를 훔치는 것, 석유 풍로에 펌프로 석유를 옮겨 담는 것은 모두 사이펀(siphon) 장치의 원리를 이용한 것이랍니다. 그림25를 보면 왼쪽에 있는 통에 물이 담겨 있고 아래쪽 통은 비어 있어요. 그리고 물이 안에 가득 담긴 관으로 두 통을 그림처럼 연결합니다. 관의 왼쪽은 물통의 수면 아래에 두고, 오른쪽 끝은 그냥 공기 중에 두면 됩니다. 왼쪽 물통 안의 관 끝 부근에서의 유체의 압력은 관의 오른쪽 끝 대기에 노출된 부분의 압력보다 큽니다. 물은 관을 따라 왼쪽에서 오른쪽으로 계속 이동하겠죠. 이것이 사이펀 장치의 원리입니다.

기체나 액체가 뭐 그렇게 큰 힘이 있겠어 하고 생각했던 사람이 있다면, 이번 장난감을 통해 기체와 유체의 엄청난 힘을 알게 되길 바랍니다.

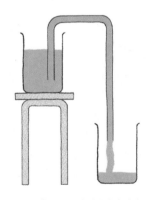

| 그림25 | 사이펀의 원리.

## ● 베르누이 방정식을 도출해 보자

공기와 물처럼 흐르는 물질을 유체라고 합니다. 베르누이 방정식은 유체를 다루는 유체 역학에 필수적인 방정식입니다. 이 베르누이 방정식은 물리학의 에너지 보존 법칙으로 유도할 수 있어요.

이 방정식을 유도하려면 '일-운동 에너지 정리'를 알아야 합니다. 물체에 해 준 역학적 일만큼 물체의 운동 에너지가 증가한다는 것이 일-운동 에너지 정리입니다. 만약 물체의 퍼텐셜 에너지(potential energy, 위치 에너지)도 함께 늘어날 수 있다면, 외부에서 한 역학적 일의 양($W$)은 물체의 운동 에너지($K$)와 퍼텐셜 에너지($V$)의 증가량과 같게 되어 아래의 식을 얻게 됩니다. (뉴턴의 진자를 다룬 124~126쪽에서 일-운동 에너지 정리를 자세하게 증명하니 참고하세요.)

$$W=\Delta K+\Delta V$$

이 식을 이제 다음 그림의 상황에 적용해 볼게요. 지면으로

부터의 높이가 $h_1$인 곳에 단면적이 $A_1$인 유체가 흐르는 관이 있어요. 오른쪽으로 가면서 관의 높이는 $h_2$, 단면적은 $A_2$가 됩니다. 왼쪽 관의 압력은 $P_1$, 오른쪽 관의 압력은 $P_2$고요. 그림의 상황은 낮은 위치의 왼쪽 관에서 유체가 거리 $x_1$만큼 이동했고 더 높은 위치에 있는 오른쪽 관에서 유체가 거리 $x_2$만큼 이동한 상황을 보여 줍니다.

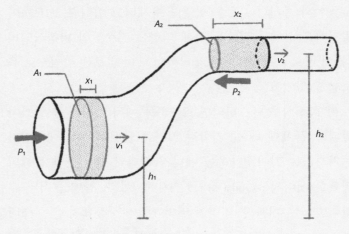

| 그림26 | 베르누이 방정식을 유도하기 위한 그림.

그림에서 외부의 힘이 한 역학적 일 $W$를 먼저 생각해 볼게요. 압력은 단위 면적당 힘이므로 힘은 압력에 면적을 곱하면 얻어집니다. 즉 왼쪽 관에는 힘 $F_1=P_1A_1$이 오른쪽으로, 그리고 오른쪽 관에는 힘 $F_2=P_2A_2$가 왼쪽으로 작용하고 있다는 것을 알 수 있어요. 한편 일정한 크기의 힘 $F$가 작용해 물

체가 $\Delta x$만큼 움직일 때 이 힘이 한 역학적 일은 $F \cdot \Delta x$입니다. 따라서 그림에서 외부의 압력이 한 전체 역학적 일은 다음과 같습니다.

$$W = P_1 A_1 x_1 - P_2 A_2 x_2$$

이 식의 두 번째 항의 부호가 음(-)인 이유가 뭐냐고요? 오른쪽 관에서 압력이 왼쪽으로 작용하는데 유체가 움직인 방향은 오른쪽이기 때문입니다.

다음에는 그림의 상황에서 운동 에너지의 변화량($\Delta K$)과 퍼텐셜 에너지의 변화량($\Delta V$)을 생각해 보죠. 그림에서 밝은 색으로 표시한 두 부분의 부피는 각각 $A_1 x_1$, $A_2 x_2$입니다. 관 안에 담긴 유체의 밀도를 $\rho$(로)라고 하면 부피에 밀도를 곱한 각각의 질량은 $A_1 x_1 \rho$, $A_2 x_2 \rho$가 됩니다. 따라서 운동 에너지의 변화량은 다음과 같이 주어집니다.

$$\Delta K = \frac{1}{2} \rho A_2 x_2 v_2{}^2 - \frac{1}{2} \rho A_1 x_1 v_1{}^2$$

혹시 눈치채신 분 있으신가요? 이 식을 구할 때 관의 왼쪽 부분과 오른쪽 부분에서 압력은 다르지만 유체의 밀도는 같다고 놓았어요. 이런 특성을 가진 유체를 비압축성 유체(incompressible fluid)라고 합니다. 공기와 같은 기체를 비압축성 유체로 가정하기는 어렵지만, 물이나 기름 같은 유체의 경우에는 정확하지는 않아도 상당히 그럴듯한 가정이랍니다.

이제 퍼텐셜 에너지의 변화량도 구해 보죠. 질량이 $m$인 물체가 바닥으로부터 높이 $h$인 곳에 있을 때, 일정한 중력장 $g$ 안에서의 퍼텐셜 에너지 $V=mgh$라는 것을 이용하면 그림의 상황에서 퍼텐셜 에너지의 변화량을 얻게 됩니다.

$$\Delta V = \rho A_2 x_2 g h_2 - \rho A_1 x_1 g h_1$$

자, 이제 드디어 지금까지 얻은 결과를 모두 모아서 에너지 보존 법칙 $W=\Delta K + \Delta V$에 각각의 값을 대입해 봅시다.

$$P_1 A_1 x_1 - P_2 A_2 x_2$$

$$= \frac{1}{2}\rho A_2 x_2 v_2{}^2 - \frac{1}{2}\rho A_1 x_1 v_1{}^2 + \rho A_2 x_2 g h_2 - \rho A_1 x_1 g h_1$$

좀 복잡해 보이죠? 이 식을 다시 정리하면 아래의 식이 나옵니다.

$$\left(P_1 + \frac{1}{2}\rho v_1{}^2 + \rho g h_1\right) A_1 x_1 = \left(P_2 + \frac{1}{2}\rho v_2{}^2 + \rho g h_2\right) A_2 x_2$$

비압축성 유체의 경우에는 그림의 왼쪽에서 밀어낸 유체의 부피만큼 오른쪽에서 유체가 움직이게 됩니다. 즉 $A_1x_1=A_2x_2$ 죠. 짠! 드디어 베르누이 방정식을 얻었습니다.

$$P+\frac{1}{2}\rho v^2+\rho gh=일정$$

식 왼쪽의 물리량을 측정하면 유체가 흐르는 관 어디에서라도 그 값이 일정하다는 것이 베르누이 방정식의 의미입니다.

## ● 베르누이 방정식으로 이해하는 사이펀의 원리

오른쪽 그림을 보세요. 사이펀의 원리에 따라 왼쪽 컵에서 오른쪽 컵으로 물을 옮기고 있죠. 자, 이제 실전입니다. 왼쪽 컵의 수면과 그림의 C 위치에 대해서 베르누이 방정식을 적용해 보죠. 두 곳 모두에서 유체는 공기 중에 노출되어 있으므로 압력은 대기압($P_{atm}$)으로 같다는 것도 이

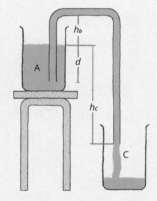

그림27 | 사이펀 장치에 베르누이 방정식 적용하기.

용하겠습니다. 또 컵의 단면적이 고무관의 단면적에 비해 무척 크다고 가정합니다. 그러면 왼쪽 컵에서 수면이 아래로 내려가는 속도 역시 C에서 유체가 흐르는 속도보다는 무척 느리게 됩니다. (혹시 관심 있는 분은 고무관의 단면적과 컵의 단면적

의 비율($A_{관}/A_{컵}$)이 0이 아닌 일반적인 경우를 가정해서 계산해 보세요.)

이제 베르누이 방정식을 적용해 봅시다. 계산 편의상 C의 높이를 0으로 했습니다.

$$P_{atm}+\rho gh_C=P_{atm}+\frac{1}{2}\rho v_C{}^2$$

따라서 오른쪽 끝인 C에서 유체가 흐르는 속도는 다음과 같이 주어집니다.

$$v_C=\sqrt{2gh_C}$$

결국, 사이펀 장치를 이용해서 물이 흘러나오는 속도는 왼쪽 컵의 수면과 위치 C의 높이 차에만 의존하게 됩니다. 물이 담긴 컵의 위치를 더 위로 하면 물이 더 잘 흘러나오게 되는 겁니다.

# 압력과 중력의 균형으로
# 탁구공 띄우기

베르누이의 원리와
분무기

우리 눈으로 직접 볼 수 없어도 전염병에 걸린 사람의 손에는 많은 병원균이 있어요. 환자의 손이 닿은 물체로 병원균이 옮겨 가면 이 물체에 손을 댄 다른 사람도 감염될 수 있습니다. 따라서 감염병 확산을 막으려면 손 씻기와 소독이 아주 중요해요. 환자의 손이 닿았을 가능성이 있는 물체를 소독할 때 자주 사용하는 에탄올 분무기, 모두 아시죠? 소독약을 공기 중에 흩뿌릴 때 이용하는 분무기 용기에는 액체가 담겨 있어요. 분무기 손잡이를 당기면 에탄올이 작은 방울이 되어 공기 중에 흩뿌려지게 됩니다. 여름에 모기약을 뿌릴 때, 풍성한 면도 크림을 만들어 낼 때, 향수를 뿌릴 때도 같은 방식의 분무기를 이용하죠. 분무기와 향수병은 어떤 원리로 작동하는 것일까요?

그림 28 │ 분무기와 유사한 원리로 작동하는 향수병.

혹시 헤어드라이어를 이용해서 탁구공을 공중 부양시킬 수 있다는 것 알고 있나요? 언뜻 보면 완전히 달라 보이지만 탁구공 공중 부양의 원리도 분무기의 원리와 밀접한 관련이 있습니다. 모두 유체 역학의 베르누이 원리를 이용해 설명할 수 있지요. 분무기, 향수병, 탁구공 부양, 바람에 펄럭이는 깃발과 종이 등, 이번에 소개할 다양한 현상이 모두 마찬가지입니다. 67~71쪽에서 베르누이 법칙을 증명했으니 참고하고요.

---

유체의 속도와 압력에 관한 베르누이의 원리(Bernoulli's principle)
유체의 속력이 늘어나면 유체의 압력이 줄어든다는 원리다. 물리학의 에너지 보존 법칙을 비압축성(incompressible) 유체에 적용하면 얻을 수 있는 아래의 베르누이 방정식으로 유체의 압력과 속력의 관계를 이해할 수 있다.

$$P+\frac{1}{2}\rho v^2+\rho gh=\text{일정}$$

베르누이 방정식은 중력장 $g$인 곳에서 밀도가 $\rho$인 유체의 압력 $P$, 속력 $v$, 그리고 높이 $h$의 관계를 설명한다. 이로부터 높이 $h$가 일정한 유체의 경우 유체의 속력이 늘어나면 유체의 압력이 줄어든다는 것을 이해할 수 있다.

## ● 향수병과 분무기의 원리

향수병 안에는 액체가 담겨 있어요. 그리고 T자 모양의 관 왼쪽 위에는 고무로 만든 손잡이(A)가 있습니다. A를 손가락으로 누르면 그 안에 들어 있던 공기가 관을 따라 B 부분으로 지나가게 됩니다. B에서의 공기의 속도가 빠르므로 베르누이 원리에 따라서 그곳에서의

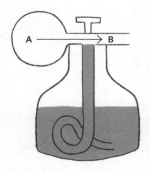

그림29 │ 단순한 구조의 향수병과 베르누이 원리.

압력이 낮아지게 됩니다. 그러므로 향수병에 담겨 있던 액체는 수직 방향의 관을 따라서 올라오게 되고, 이곳에서 오른쪽으로 움직이는 공기와 만나게 됩니다. 결국 작은 액체 방울이 향수병의 열린 곳을 통해서 밖으로 방출되는 것이죠.

손잡이를 당겨서 작동하는 분무기는 이런 향수병보다 좀 더 구조가 복잡합니다. 손잡이를 손으로 잡고 손가락으로 누

르면 액체가 담긴 용기 안에 먼저 공기가 주입되어서 용기 내부의 압력을 높입니다. 이렇게 압력이 높아진 다음 용기 내부의 압력과 B 사이의 압력의 차이가 커지고, 따라서 수직 관을 따라 더 많은 액체가 올라오게 됩니다. 분무기 손잡이를 몇 번 누른 다음에야 분무가 잘되는 경험 모두 익숙하죠? 먼저, 용기 안의 압력을 충분히 높이는 과정이 필요했던 것이죠.

간단한 소독약 분무기는 이처럼 용기 안의 압력을 우리 손힘으로 높이는 것이지만, 이 과정이 필요 없는 분무기도 있어요. 용기를 잘 밀폐하고는 용기 안에 우리가 분사하려고 하는 액체와 함께 높은 압력을 유지할 수 있는 기체를 미리 함께 담아 놓으면 됩니다. 이렇게 작동하는 분무기로는 여름에 우리가 많이 이용하는 모기약이 있어요. 금속 통 안에, 높은 압력을 만들어 낼 수 있도록 모기약이 아닌 다른 기체를 함께 넣어 놓는 것이랍니다. 면도 크림을 풍성하게 만들어 내는 기구도 마찬가지죠. 밀폐된 용기 안의 압력이 높게 유지되다가 노즐이 순간적으로 열리면 안에 담긴 액체가 공기와 만나면서 풍성한 거품이 만들어집니다. 향수병, 분무기, 모기약, 면도 크림. 약간씩 차이는 있지만, 모두 같은 원리로 작동해요.

## ● 공중 부양 탁구공의 원리

하늘을 향해 입으로 바람을 불거나 헤어드라이어로 바람을 쏘면서 바람이 부는 부분에 가벼운 공을 두면 공은 중력

그림30 | 입으로 바람을 불어서 가벼운 공을 공중에 띄우는 장난감.

을 거스른 듯 공중에 뜨게 됩니다. 어떻게 이런 일이 생기는 것일까요? 먼저, 바람이 위로 부는 곳은 베르누이 원리에 따라서 주변보다 압력이 낮아집니다. 똑바로 세운 가상의 원기둥 모양을 머릿속에 떠올려 보세요. 원기둥 안은 바람이 위로 빠르게 불어서 압력이 낮고 원기둥 밖은 바람이 불지 않아서 압력이 높다고 할 수 있죠. 따라서 탁구공이나 스티로폼으로 만든 가벼운 공은 이 원기둥의 안쪽에 있으려고 해요. 밖으로 움직이다가 압력이 높은 부분과 만나면 다시 원기둥의 안쪽으로 돌아오게 되죠. 이 원기둥 안쪽에서 탁구공은 안정적으로 평형을 유지하게 됩니다. 아래 그림의 왼쪽에 이 상황을 표현해 봤어요.

한편, 특정 높이에 탁구공이 머무는 이유는 아래 방향을 향하는 중력과 바람이 공을 위로 들어올리는 힘의 평형으로 이해할 수 있어요. 오른쪽 그림을 보시죠. 헤어드라이어에 가까운 쪽에서는 바람이 강해서 탁구공이 중력을 이기고 위로 오르게 되지만, 먼 쪽에서는 거꾸로 바람이 약해서 탁구공이 아

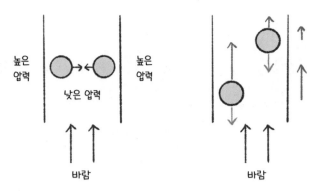

그림31 ┊ (왼쪽) 바람이 부는 안쪽의 압력이 낮아서 탁구공은 안쪽으로 향하는 힘을 받는다. (오른쪽) 중력(아래로 향하는 붉은 화살표)은 일정한데 바람의 세기(위로 향하는 파란 화살표)가 위와 아래에서 달라서 탁구공은 일정한 높이에 머물게 된다.

래로 내려옵니다. 다시 말해 탁구공이 계속 위로 오르려고 하면 중력 때문에 내려오게 되고, 헤어드라이어에 너무 가까워지면 바람이 강해서 위로 움직이게 되는 것이죠. 입으로 바람을 불든 헤어드라이어로 바람을 만들어 내든, 거리가 멀어지면 바람의 속도가 줄어드는 것이 당연합니다. 그러므로 일정하게 바람이 나오는 장치를 수직으로 세우고 그 위에 가벼운 탁구공을 두기만 하면 탁구공은 그 위에서 평형을 유지하게 됩니다. 우리가 중력을 벗어날 수 없다는 사실에 갑갑해진다면, 하늘 위로 바람을 불어 보세요. 평형을 이루며 공중에 떠 있는 탁구공을 상상하면서요.

# 가장 효율적이고
## 튼튼한 다리를 만드는 법

**현수선의 역학적 평형과
광안대교**

　　　　　　진주 목걸이를 목에 걸면 직선이 아닌 예
쁜 곡선의 모습으로 아래로 드리워집니다. 양쪽을 살짝 잡고
늘어뜨리면 그림32처럼 쇠사슬도 같은 모습을 보이죠. 언뜻
보면 포물선처럼 보이죠? 하지만 정확히 포물선과 같지는 않
아요. 바로 현수선이라고 부르는 곡선입니다. 한자로는 달아
서(懸) 드리울(垂) 때 만들어지는 곡선(線)이라는 뜻이랍니다.

역학적 평형(mechanical equilibrium)과 현수선(catenary)
물체에 작용하는 모든 힘을 더해서 그 총합이 0이 되면, 정지해 있던 물체는 계속 그 위치에 머문다. 이를 역학적 평형이라고 한다. 질량이 있는 줄의 양 끝을 잡고 늘어뜨려 역학적 평형을 이룬 상태를 만들 때, 줄이 보여 주는 곡선을 현수선이라고 한다.

## ● 건축가가 사랑하는 현수교

현수선을 볼 수 있는 건축물로는 캘리포니아 골든게이트교 같은 현수교가 대표적입니다. 우리나라에도 현수교가 많아요. 부산 광안대교도 현수교죠. 현수교를 만들려면 튼튼한 줄을 달아 드리워야 하니 줄을 매달 기둥이 필요하겠죠? 모든 현수교가 높은 주탑을 가진 이유입니다. 현수교의 주탑 사이를 연결하는 튼튼한 줄인 주케이블은 부드럽게 아래로 드리워져 현수선의 모습을 보여 줍니다. 이 주케이블을 수직 방향으로 촘촘하게 다리의 상판에 연결하면, 주탑 두 개와 케이

블만으로도 다리를 만들 수 있습니다. 교각을 여럿 설치하는
방식보다 상대적으로 적은 건축비로 긴 다리를 만들 수 있어
서 세계 곳곳에서 현수교의 건축 방식이 자주 활용되고 있습
니다.

## ● 현수선의 물리학

현수선은 도대체 수학의 어떤 함수로 설명할 수 있을까요?
물리학으로 이해할 수 있답니다. 그림34의 왼쪽 그래프처럼
아래로 드리워진 현수선의 짧은 일부(그림의 분홍색 부분)를 생
각해 봐요. 이 부분에는 아래 방향의 중력(그림의 $F_g$)이 작용해
요. 물론 중력만 있다면 이 부분이 가만히 있지 못하고 아래
로 떨어지겠죠? 가만히 제자리에 머무는 이유는 이 짧은 부
분의 왼쪽과 오른쪽에서 이 부분을 양쪽으로 잡아당기는 힘
(그림의 $T_1$과 $T_2$)이 있기 때문입니다. 물리학에서는 이 힘을 줄
의 장력(tension)이라고 해요.

그런데 현수선의 모습으로 늘어진 줄에 작용하는 장력의 근원도 사실 중력입니다. 그림에서 분홍색 부분을 왼쪽에서 잡아당기는 힘($T_1$)은 분홍색 부분의 왼쪽에 있는 줄이 작용하는 중력이라는 것을 금방 상상할 수 있죠? 그런데 오른쪽에서 분홍색 부분을 위로 잡아당기는 장력($T_2$)의 근원도 중력입니다. 앗, 중력은 아래 방향인데 $T_2$는 위 방향이어서 이상하다고요? 네, 아주 좋은 질문입니다. 분홍색 부분의 왼쪽이 $T_1$의 장력으로 분홍색 부분을 잡아당기는 것처럼, 분홍색 부분도 자기 오른쪽 부분을 중력으로 잡아당깁니다. 그리고 이 힘의 반작용으로 오른쪽 부분이 반대 방향의 힘을 만들어 낸 것이 그림의 $T_2$랍니다. 뉴턴의 작용·반작용 법칙으로 이해할 수 있는 사실이죠.

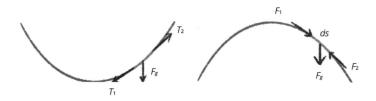

| 그림34 | 현수선과 뒤집힌 현수선의 역학적 평형.

결국 분홍색 부분에는 그림에서 화살표로 표시한 세 힘이 작용해요. 그리고 현수선의 일부인 이 분홍색 부분이 가만히 제자리에서 역학적 평형을 이루고 있으니, 이 세 힘을 모두 더하면 총합이 0이 되어야 합니다. 물체에 작용하는 힘의

총합이 0이면 물체는 지금 그 자리에 가만히 머물 수 있으니까요. 이 내용을 수식을 이용해 계산하면 현수선의 함수 꼴을 유도할 수 있어요. 물리 장난감 플러스에서 자세히 설명해 보았으니 궁금하면 읽고 와도 좋아요.

## ● 현수선을 뒤집으면?

현수선의 모습으로 늘어뜨린 줄을 위아래로 뒤집으면 어떻게 될까요? 그림34의 오른쪽 그래프를 보세요. 이제 아주 재밌는 일이 생깁니다. 그림에서 분홍색 부분에 작용하는 중력과 양쪽에서 이 부분에 줄이 작용하는 힘을 생각해 봐요. 각각의 힘은 이제 뒤집기 전 현수선에 작용했던 힘과 정확히 반대 방향이 됩니다. 이제 장력은 방향을 바꿔서, 양쪽에서 분홍색 부분을 미는 압력으로 작용하게 되니까요(물론 이 압력의 근원도 결국은 중력입니다). 왼쪽 그래프에서 화살표로 표시한 세 힘을 모두 더하면 0이 되니까, 오른쪽 그래프에서도 세 힘을 모두 더하면 0이 되는 것이 당연하겠죠? 결국 뒤집어도 여전히 역학적 평형을 이루게 됩니다.

가운데 구멍이 뚫린 쇠구슬 여럿을 낚싯줄로 연결해서 직접 실험해 봤어요. 먼저 양쪽을 손으로 잡고 아래로 늘어뜨려서 현수선을 만들고는 조심조심 전체를 거꾸로 뒤집어 봤습니다. 뒤집힌 현수선의 모습으로 쇠구슬들이 여전히 역학적인 평형을 이루고 있는 것을 볼 수 있습니다. 그림35처럼요.

그림35 | 쇠구슬로 만든 현수선과 뒤집힌 현수선.

　현수선을 만든 다음에 뒤집어서 아치 모양을 만들어도 여전히 안정적인 역학적 평형을 유지한다는 것을 이용한 사람이 스페인의 유명한 건축가 안토니 가우디입니다. 가우디는 성당의 높이 솟은 아치 구조를 설계하기 위해서 아래로 늘어뜨린 현수선을 이용했어요. 현수선을 뒤집은 형태로 아치를 설계하면 안정적인 건축물이 된다는 것을 이용해 멋진 성당을 만들어낼 수 있었죠.

그림36 | 가우디가 현수선을 뒤집어 설계한 바르셀로나 카사밀라의 아치.

## ● 낚싯줄이 아닌 고무줄로 연결해 뒤집으면?

고백할 것이 있어요. 쇠구슬 여럿을 연결해 뒤집는 현수선 실험을 할 때 처음에는 마스크에 붙어 있는 고무줄을 잘라서 이용했답니다. 그런데 현수선을 만든 다음에 뒤집었더니 글쎄 쇠구슬들이 안정적으로 있지 못하고 와르르 아래로 움직여서 현수선의 모습이 금방 무너지더군요. 이 현상을 보고서 고무줄이 아닌 낚싯줄을 이용하는 것이 좋겠다는 것을 깨달았죠. 결국 낚싯줄로 한 두 번째 실험에 성공했습니다.

고무줄로 한 실험이 실패한 이유가 무엇인지 함께 생각해 봅시다. 고무줄은 낚싯줄과 달리 조금 길이를 늘리면 다시 길이가 줄어드는 방향으로 수축하려는 힘이 있습니다. 그런데 이 수축력은 쇠구슬 사슬을 아래로 늘어뜨리든 위로 뒤집든 방향이 같다는 것이 문제가 됩니다. 두 경우 모두 그림에서 제가 분홍색으로 표시한 작은 부분의 안쪽을 향해서 수축력으로 작용하니까요. 결국 고무줄로 연결한 쇠구슬로 현수선을 만든 다음에 뒤집으면 역학적 평형이 성립하지 않게 되고, 따라서 쇠구슬 아치가 유지되지 못하는 것이죠. 고무줄 실험으로 현수선과 아치가 같은 모습일 수 있는 이유를 좀 더 명확히 이해하게 되어서 좋았어요. 과학은 이처럼 실패로부터 배우는 것이 많답니다.

## ● 현수교의 주탑이 높은 이유

현수교를 보면 현수선의 유려한 곡선도 멋지지만 높이 솟은 주탑도 참 아름답습니다. 현수교 건축비를 줄이려면 주탑의 높이를 낮추는 것이 좋을 것 같은데, 이렇게 주탑을 높게 하는 이유가 있답니다. 주탑이 높을수록 현수교가 더 안정적이기 때문이죠.

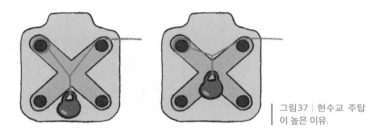

그림37 | 현수교 주탑이 높은 이유.

여러분도 의자와 줄을 가지고 쉽게 실험해 볼 수 있어요. 다리가 넷인 의자를 옆으로 눕힌 다음에 위에 있는 두 다리 위로 무거운 물체를 매단 줄을 걸쳐 보세요. 물체가 더 아래에 있으면 그리 큰 힘으로 줄을 당기지 않아도 이 모습을 유지할 수 있어요. 양쪽에서 줄을 당겨 점점 물체가 위로 올라갈수록 더 큰 힘으로 줄을 당겨야 하고요. 이 간단한 실험에서 매단 물체가 다리의 상판, 그리고 의자 다리가 현수교 주탑의 역할을 합니다. 그럼 왜 높은 주탑이 유리한지 금방 이해할 수 있습니다.

이번 꼭지에서 다룬 현수선 이야기는 『이토록 아름다운 물리학이라니』(미래의창, 2021)라는 책의 내용을 많이 참고했어요. 우리 주변에서 일어나는 일을 물리학으로 설명하는 멋진 책이랍니다. 여러분도 한번 읽어 보길 권합니다. 책의 제목처럼 물리학의 아름다움을 느낄 수 있거든요.

# 물리 장난감
# 플러스

## ● 현수선의 함수 꼴 찾기

물리학을 이용해 현수선의 함수 꼴을 찾아봅시다. 과거 많은 과학자가 큰 관심을 가졌던 문제랍니다. 아래 그림에 아래로 늘어진 구슬 목걸이가 보이죠? 그림의 주인공이자 다재다능한 과학자였던 로버트 훅도 현수선을 연구했다고 해요.

그림38 | 현수선을 연구한 로버트 훅의 초상화. 리타 그리어의 작품(2009).

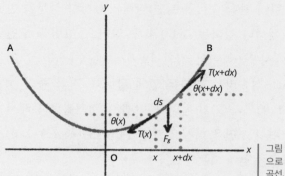

그림 39 | 역학적 평형으로 이해하는 현수선 곡선.

위 그래프를 이용해서 현수선의 방정식을 유도해 보겠습니다. 앞서 설명한 것처럼 분홍색 부분에 작용하는 세 힘을 모두 더하면 0이 되어야 한다는 역학적 평형 조건을 이용할게요. 물리학에서 $dx$나 $ds$같이 $d$가 앞에 붙어 있는 양은 아주 작은 양을 뜻해요. 설명을 위해 그림에는 크게 그렸지만, 그 크기가 0으로 수렴하는 아주 아주 작고도 작은 길이입니다.

현수선의 길이 $ds$ 부분에 작용하는 중력 $F_g$는 이 부분의 질량에 중력 가속도를 곱한 크기를 가져요. 단위 길이당 줄의 밀도(이를 선밀도라고 해요)를 $\lambda$(람다)라고 하면 $F_g = \lambda ds \cdot g$입니다. 중력은 $-y$ 방향이죠. 세 힘의 평형 조건을 $x$ 방향과 $y$ 방향으로 나눠 적으면 아래의 두 식을 얻게 됩니다.

$$x \text{ 방향: } T(x+dx)\cos\theta(x+dx) - T(x)\cos\theta(x) = 0$$
$$y \text{ 방향: } T(x+dx)\sin\theta(x+dx) - T(x)\sin\theta(x) - \lambda ds \cdot g = 0$$

$x$ 방향의 힘에 관한 수식을 보면 장력의 $x$ 방향 성분은 현수선의 어디에서나 같다는 것을 알 수 있어요. 그림을 보면 $x$=0의 위치에서 $\theta$=0이어서, 임의의 $x$에서 $T(x)\cos\theta(x)=T(0)$ $\cos\theta(0)=T(0)=$상수라는 결과를 얻게 됩니다. 결국 줄의 장력은 $T(x)=T(0)/\cos\theta(x)$가 됩니다. 이제 이 결과를 이용해서 $y$ 방향 힘의 평형 조건을 다시 적으면 $T(0)\tan\theta(x+dx)-T(0)$ $\tan\theta(x)=\lambda ds\cdot g$를 얻게 되는군요.

한편, 밑변이 $dx$, 높이가 $dy$인 직각 삼각형을 생각하면 $\tan\theta(x)=dy/dx=y'$이고, 또 이 직각 삼각형의 빗변의 길이가 $ds$여서 $ds^2=dx^2+dy^2=(1+y'^2)dx^2$입니다. $y$를 $x$로 미분한 $y'(=dy/dx)$이 자꾸 나오니 편의상 $y'=u$로 바꿔 부를게요. $\tan\theta(x+dx)-\tan\theta(x)=[d\tan\theta(x)/dx]\cdot dx$로 적을 수 있고, $\tan\theta(x)=y'=u$니까, $\tan\theta(x+dx)-\tan\theta(x)=(du/dx)\cdot dx=du$군요. $y$ 방향 힘의 평형 조건 수식을 변수 $u$를 이용해 다시 적으면 아래의 식을 얻게 됩니다.

$$T(0)\cdot du=\lambda g\cdot ds=\lambda g\sqrt{(1+y'^2)}\ dx=\lambda g\sqrt{(1+u^2)}\ dx$$

결국 변수 $u$가 만족하는 아래의 미분 방정식을 풀면 됩니다.

$$\frac{du}{dx}=\frac{\lambda g}{T(0)}\sqrt{(1+u^2)}$$

이 미분 방정식에 $u(x)=\sinh(x/a)$를 대입해 보죠. $du/dx=(1/a)\cdot\cosh(x/a)$이고, 또 $1+\sinh^2(x/a)=\cosh^2(x/a)$라는 것을 이용하면, $a=T(0)/\lambda g$일 때 $u(x)=\sinh(x/a)$가 위 미분 방정식의 답이 된다는 것을 알 수 있어요. 그리고 $dy/dx=u$이니까 이 식을 한 번 더 적분하면 $y=a\cdot\cosh(x/a)$를 얻게 됩니다. 바로 현수선의 모습을 기술하는 쌍곡선 코사인(hyperbolic cosine) 함수죠. 포물선이라면 $x$의 이차 함수가 되니 현수선은 포물선과 다르다는 결론입니다. 그런데 둘을 그려서 비교하면 차이가 그리 크지 않아요. 현수선이나 포물선이나 거의 같은 모습으로 보이지만 사실 서로 다른 곡선입니다.

# 직선이 가장
## 빨리 가는 길은 아니다

최단 시간 곡선과
구르는 바퀴

           1696년 6월 요한 베르누이가 공개한 유명한 문제가 있어요. 균일한 중력장 안에서 수직으로 세운 평면 위의 한 점 A에서 출발한 물체가 그 아래에 옆으로 비껴 있는 다른 점 B를 향해 움직일 때 가장 짧은 시간이 걸리는 경로가 어떤 곡선인지를 묻는 문제입니다. 이 곡선을 최단시간 곡선(brachistochrone curve)이라고 불러요. 라틴어에서 온 단어 'brachistochrone'이 바로 '최단 시간'이라는 뜻입니다.

# ● 베르누이의 최단 시간 경로 문제

　평면에서 두 점을 잇는 경로 중 거리가 가장 짧은 것은 똑바로 뻗은 직선입니다. 그런데 A와 B를 잇는 직선은 최단 시간 경로가 아닙니다. 이동 거리와 걸린 시간은 같은 것이 아니어서 이동 거리가 짧아도 물체가 움직이는 속도가 느리면 시간은 더 오래 걸릴 수 있거든요. 직선보다 더 짧은 시간이 걸리는 경로가 분명히 존재합니다. 베르누이가 제안한 것과 같은 최단 시간 경로 문제를 갈릴레오도 그의 책 『새로운 두 과학(Due Nuove Scienze)』에서 고민했어요. 갈릴레오는 A와 B가 원의 $\frac{1}{4}$에 해당하는 원호로 연결되는 경우가 바로 최단 시간 경로라고 제안했죠. 그런데 갈릴레오의 답은 정답이 아니랍니다.

　답은 틀렸지만 의미 있는 질문을 새롭게 제시하고 그에 대한 나름의 해결을 과학적으로 시도했다는 것은 정말 대단한 일입니다. 과학자가 연구를 할 때, 주어진 질문에 대한 답을 생각하는 것보다 의미 있는 질문을 떠올리는 것이 훨씬 더 어렵고 중요할 때가 많습니다.

　잠깐, '베르누이'라는 성 많이 들어봤죠? 앞에서 베르누이의 원리를 설명하기도 했고요. 스위스의 베르누이 가문은 훌륭한 과학자와 수학자를 여럿 배출한 유명 집안입니다. 물리학에도 자주 베르누이 가문의 과학자가 등장해요. 동전을 여러 번 던질 때 앞면이 나오는 횟수의 분포를 설명하는 베르누이 분포는 요한의 형 야콥 베르누이가 생각해 냈고, 유체의 흐름을 설명하는 베르누이 방정식은 요한의 아들 다니엘 베르누이가 고안했죠. 요한 베르누이는 변분법(variational calculs)이라는 확장된 미적분의 발전에 이바지하기도 했습니다.

| 그림40 | 요한 베르누이(왼쪽)와 다니엘 베르누이(오른쪽).

요한 베르누이는 자신이 공개한 최단 시간 경로 문제에 답을 제출할 시간을 6개월을 주었어요. 반년이라는 짧지 않은 시간인데도 그 안에 답을 제출한 사람이 없었다고 해요. 유명한 과학자 라이프니츠가 요청해 1년 반으로 제출 기간을 늘렸고, 최종적으로 아이작 뉴턴을 비롯한 다섯 명의 수학자와 과학자가 답을 제출했습니다. 뉴턴은 문제가 처음 공개되고 6개월 이상 지난 1697년 1월 29일 오후 4시에 이 문제를 설명

하는 요한 베르누이의 편지를 처음 받고는 단 하룻밤 사이에 이 문제의 답을 찾아서 익명으로 요한 베르누이에게 편지를 보냅니다. 뉴턴의 편지에 답은 명확히 적혀 있지만 어떻게 답을 얻었는지는 대강의 설명만 있었다고 해요. 요한 베르누이는 "발톱 자국만 봐도 사자라는 것을 알 수 있다"는 유명한 말을 남겼습니다. 익명의 편지였지만 그 안에 담긴 내용만으로도 위대한 과학자 뉴턴의 편지라는 것을 알 수 있었다는 이야기입니다.

요한 베르누이가 공개한 최단 시간 경로 문제의 답은 바로 사이클로이드(cycloid)라고 불리는 곡선입니다. 대학교 물리학과 전공 과목인 '일반 역학'에도 자주 소개되는 문제인데, 최단 시간 경로가 사이클로이드 곡선이라는 것을 보이기 위해 수학자 오일러가 발전시킨 변분법 수학을 이용하죠. 답을 구하는 여러 방법 중 변분법을 이용하는 것이 가장 쉽기는 해도, 솔직히 변분법의 수학은 쉽지는 않아요. 관심 있는 분들은 나중에 물리학과에 오시기를!

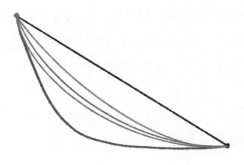

그림41 | 최단 시간 곡선 (빨간색).

최단 시간 곡선(brachistochrone curve)과 사이클로이드(cycloid) 곡선
두 위치를 연결하는 곡선 중 물체의 운동에서 가장 짧은 시간이 걸리는 곡
선을 최단 시간 곡선이라 한다. 균일한 중력장에서 수직으로 서 있는 면에
서의 최단 시간 곡선이 사이클로이드 곡선이다. 사이클로이드 곡선은 미끄
러지지 않고 굴러가는 둥근 바퀴 위의 한 점이 보여 주는 경로이기도 하다.
사이클로이드 곡선을 이용한 하위헌스의 진자는 진폭의 크기와 무관하게
진자의 등시성을 보여 준다.

## ● 구르는 바퀴에 앉은 파리가 보여 주는 사이클로이드 곡선

물리학의 다른 문제에서도 사이클로이드 곡선이 등장합니다. 빙글빙글 평면 위에서 굴러가는 둥근 바퀴에 가만히 앉아 있는 파리 한 마리를 생각해 보세요. 바퀴와 함께 옆으로 일정한 속도로 걸어가는 사람의 눈에 파리는 단순한 원운동을 합니다. 그런데 땅 위에 가만히 정지해 있는 사람의 눈에는 파리가 보여 주는 궤적이 원이 아닙니다. 흥미롭게도 이 상황에서 정지한 관찰자가 보는 파리의 궤적을 기술하는 곡선이 최단 시간 경로인 사이클로이드의 모양이랍니다. 아, 최단 시간 경로의 사이클로이드 곡선은 아래로 볼록하고, 바퀴 가장자리에 앉아 있는 파리의 궤적은 위로 볼록한 사이클로이드 곡선이긴 하지만요.

구르는 바퀴의 가장자리에 앉아 있는 파리의 궤적을 구하는 것은 최단 시간 경로를 변분법으로 구하는 것보다는 훨씬

더 쉽습니다. 물리 장난감 플러스에서 자세히 다뤄 봤으니 참고하세요.

## ● 하위헌스의 사이클로이드 진자

갈릴레오는 줄에 물체를 매단 단진자(simple pendulum, 단순한 진자)의 운동에서 진자의 등시성 원리를 발견했어요. 줄에 매단 물체의 질량이 얼마인지에 무관하게, 진자의 진폭이 시간이 지나면서 조금씩 줄어들어도 "진자가 한 번 왕복하는 데 걸리는 시간인 진자의 주기가 일정하다"는 원리죠. 갈릴레오의 진자의 주기는 중력 가속도가 일정한 곳이라면 물체를 매단 줄의 길이에만 관련된다는 아주 중요한 발견입니다.

하지만, 갈릴레오의 진자의 등시성은 사실 정확하지 않아요. 진자의 진폭이 커지면 등시성의 원리가 성립하지 않거든요. 갈릴레오의 단진자에서 물체의 궤적은 늘 원의 일부분이 됩니다. 줄을 천장에 매단 위치를 원의 중심으로 한 원호의 일부분을 따라서 늘 물체가 움직이니까요.

그렇다면 원의 일부분이 아닌 다른 궤적으로 물체가 움직이도록 하면 진폭이 커도 진자의 등시성을 만족하도록 할 수 있을까요? 이 문제에 대한 답을 찾은 사람이 네덜란드의 과학자 크리스티안 하위헌스입니다. 하위헌스는 사이클로이드 곡선을 이용해 진자를 만들면 원호를 따라 움직이는 진자에서는 정확히 성립하지 않는 등시성이 정확히 만족된다는 것을 보였어요.

　우리나라 전통 한옥의 처마 역시 빗방울이 빨리 굴러 내려오도록 사이클로이드 곡선을 닮게 만들었다는 주장도 있어요. 그럴듯한 이야기이긴 하지만, 얼마나 신빙성이 있는 주장인지는 잘 모르겠네요.

# 물리 장난감
플러스

## ● 구르는 바퀴가 보여 주는 사이클로이드 곡선

평면 위에서 일정한 속도로 굴러 움직이는 둥근 바퀴를 떠올려 보세요. 바퀴의 중심이 수평 방향으로 움직이는 속도의 크기를 $v$라고 하죠. 바퀴 가장자리에 가만히 앉아 있는 파리를 관찰하는 서로 다른 두 관찰자를 가정할게요. 관찰자 A는 가만히 땅에 서서 정지해 있는 관찰자이고, B는 바퀴의 중심을 곁눈으로 보면서 바퀴와 나란히 일정한 속도로 걸어가는 관찰자입니다.

바퀴가 이동하는 속도 $v$와 같은 속도로 움직이는 관찰자 B에게는 당연히 파리가 등속 원운동하는 것으로 보입니다. 그림42처럼 말입니다.

따라서 관찰자 B가 보는 시간 $t$에서의 파리의 위치 $(x', y')$는 다음과 같은 수식으로 주어집니다. 바퀴의 반지름을 $R$,

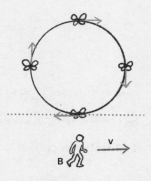

그림42 | 바퀴와 같은 속도로 움직이는 관찰자 B가 보는 파리의 운동.

바퀴가 회전하는 각속도를 $\omega$로 표기했고, 편의상 파리가 시간 $t=0$에서 가장 오른쪽 끝에 있다고 가정했어요.

$$x' = R\cos(wt)$$
$$y' = R - R\sin(\omega t)$$

다음에는 정지해 있는 관찰자가 본 파리의 위치 $(x, y)$를 생각해 볼게요. 관찰자 A가 보는 파리의 $y$ 좌표는 관찰자 B가 보는 파리의 $y'$ 좌표와 같아요. 바퀴는 옆으로 구르지 위아래 방향으로 움직이지 않으니까요. 하지만 관찰자 A가 보는 파리의 $x$ 좌표는 시간이 지나면서 계속 오른쪽으로 이동하죠. 시간이 지나면서 관찰자 B가 $v{\cdot}t$의 거리를 이동하니까 관찰자 A가 보는 파리의 위치 $(x, y)$는 아래의 수식으로 적을 수 있습니다.

$$x = vt + R\cos(wt)$$
$$y = R - R\sin(wt)$$

바퀴가 바닥에서 전혀 미끄러지지 않고 구른다면 $v=R\omega$의 조건을 만족하게 됩니다. 결국 정지한 관찰자 A가 보는 파리의 위치는 다음의 수식으로 주어지게 되죠.

$$x=Rwt+R\cos(\omega t)$$
$$y=R-R\sin(\omega t)$$

위의 수식으로 표현되는 곡선을 그림으로 그리면 아래의 모습이 됩니다. 바로 사이클로이드 곡선이네요.

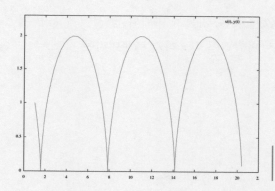

그림43 | 수식을 그림 으로 그려 보니 나온 사이클로이드 곡선.

정지한 관찰자 A가 본 파리의 속도 $(u_x, u_y)$는 위치를 한 번 미분해서 얻어져요. 바로 아래의 식입니다.

$$u_x=R\omega-R\omega\sin(\omega t)$$
$$u_y=-R\omega\cos(\omega t)$$

파리의 위치가 바퀴의 가장 아래쪽에 있을 때 $y=0$이므로 $\sin(\omega t)=1$을 만족해요. 따라서 이때 파리의 $x$ 방향의 속도 $u_x=0$이 됩니다. 신기하지 않나요? 바퀴는 미끄러지지 않고 떼굴떼굴 굴러가는데, 땅에 닿는 점은 속도가 0이어서 정지해 있어요. 셔터 속도를 조금 느리게 해서 옆을 스쳐 지나가는 자전거의 바퀴 부분을 사진으로 찍으면 땅에 가까운 바큇살이 윗부분의 바큇살보다 더 뚜렷하게 찍히는 이유가 바로 이것이랍니다. 바큇살 중 땅에 가까운 쪽은 순간적으로는 정지해 있는 셈이기 때문이죠. 자동차 브레이크를 밟을 때 끽하고 미끄러지지 않는 것은, 자동차 바퀴와 땅 사이에 운동 마찰력이 아닌 정지 마찰력이 작용하기 때문이라는 것도 알 수 있답니다.

# 중력과 부력이 만들어 내는 하모니

**부력과
물고기 잠수함**

　　　　　　혹시 초밥 좋아하나요? 생선 초밥을 사
면 가끔 물고기 모양의 작은 플라스틱 용기 안에 든 간장을
받을 때가 있는데요. 여기서 소개하는 장난감은 초밥과 꼭 관
련이 있는 건 아니지만, 이 간장통으로 만들 수 있는 물고기
잠수함입니다.

## ● 직접 해 보는 물고기 잠수함 실험

일단 초밥을 먹고 간장도 다 먹은 다음에, 물고기 간장통 안에 물을 채우고 나사 모양의 입구에 딱 맞는 너트를 구해서 뚜껑 대신 끼워 주세요. (온라인에서 실험용 물고기 잠수함 키트를 구입할 수도 있어요.) 저는 유성펜으로 아가미와 물고기 눈도 그려 넣어 봤는데, 여러분도 예쁘게 물고기를 꾸며 보세요.

그림44 | 나름대로 꾸며 본 물고기 모양 간장 용기.

다음에는 물이 담긴 컵에 물고기를 넣어 보세요. 물고기가 물구나무서기를 하고 수면 위에 아슬아슬하게 떠 있는 상태가 되도록 물고기 용기 안 물의 양을 조절하면 됩니다. 물을 너무 많이 넣으면 물속으로 물고기가 가라앉고 물이 너무 적으면 물고기가 너무 높이 떠오르는데요. 그 중간 정도가 되도록 물고기 안에 물을 적당히 채우면 됩니다. 제가 해 보니까 물고기 안의 물의 양은 대충 적당히 하면 되더라고요. 물을 꽉 채우거나 너무 적게 넣지만 않으면 실험 결과는 달라지지 않습니다. 다음에는 물을 채운 물고기를 적당량의 물이 담긴 페트병에 넣은 뒤 뚜껑을 꼭 닫으세요. 페트병에 담는 물의 양은 전혀 중요하지 않아요. 하지만 페트병 뚜껑은 잘 닫아 줘야 해요. 이제 실험 준비 끝!

물고기는 아래로 가라앉지도, 위로 더 솟구쳐 오르지도 않는 모습을 계속 유지합니다. 물리학에서는 이처럼 아무런 움직임이 없을 때, 이를 역학적 평형 상태라고 해요. 어떤 물체가 사진처럼 가만히 제자리에서 평형 상태를 유지하려면 물체에 작용하는 전체 힘은 0이 되어야 해요. 힘이 없다면 정지해 있는 물체는 계속 정지해 있거든요. 수면 근처에 가만히 떠 있는 실험의 주인공 물고기 잠수함에는 아래로 가라앉게 하는 중력과, 물속에서 물체를 떠오르게 하는 부력이 함께 작용합니다. 만약 중력이 부력보다 크면 물고기 잠수함은 물속으로 가라앉고, 부력이 중력보다 크면 물고기 잠수함이 더 떠오르게 되겠죠? 물고기 잠수함이 수면 근처에서 사진처럼 가만히 제자리에 머물러 있으려면 중력과 부력의 크기가 같아야 합니다.

그림45 | 아래로 가라앉지도, 위로 뜨지도 않는 물고기.

그림46 | 물고기가 잠수함처럼 아래로 가라앉는 모습.

자, 이번에는 힘을 주어 잠수함을 한번 가라앉혀 볼까요? 페트병의 마개를 꼭 잠그고 양손으로 페트병을 잡고 강하게 눌러 보는 겁니다. 그렇게 하면, 수면 근처에 떠 있던 물고기 잠수함이 정말 잠수함처럼 아래로 가라앉게 됩니다. 그림46처럼 말이죠.

도대체 어떻게 이런 일이 생길까요? 압력과 부피, 그리고 부력의 원리를 이해하고 나면 그 이유를 설명할 수 있습니다.

---

**부력(buoyant force)**
중력장 안에서 유체 안에 있는 물체에는 중력과 반대 방향으로 부력이 작용한다. 이 부력의 크기는, 물체가 잠긴 부피만큼의 유체의 질량이 받는 중력과 같다.

---

## ● 사고 실험: 물속의 풍선을 상상하자!

물리학의 원리를 이해할 때 사고 실험이 도움이 될 때가 많아요. 실험 장비와 손으로 하는 보통의 실험과 달리 사고 실험에서 필요한 도구는 우리의 생각뿐입니다.

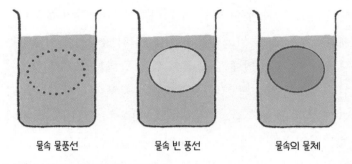

| 물속 물풍선 | 물속 빈 풍선 | 물속의 물체 |

| 그림47 | 부력을 이해하기 위한 사고 실험.

부력의 원리를 이해하기 위한 첫 번째 사고 실험을 소개할 게요. 이 사고 실험의 제목을 "물속의 물 덩이"라고 붙여 보겠습니다.

투명한 유리컵 안에 물이 담겨 있습니다. 컵 안의 물은 움직이지 않고 가만히 있고요. 왼쪽 그림처럼 물 안에 둥근 모양의 물 덩이가 보이지도 않고 두께도 없는 상상의 풍선에 들어 있다고 해 봅시다. 우리가 보고 있는 (사실은 그렇다고 상상하는) 이 물 덩이는 위아래로 움직이지 않고 가만히 그 자리에 머물러 있는 상태죠.

지구의 중력은 상상의 풍선 안에 들어 있는 이 물 덩이에도 당연히 작용합니다. 그런데 왜 이 물 덩이는 중력의 영향을 받아 아래로 내려가지 않고 그 자리에 가만히 있을까요? 이 상상의 물풍선에 작용하는 힘이 중력 말고도 더 있기 때문입니다. 바로 부력이라고 부르는 힘입니다. 이 상상의 물 덩이에 작용하는 부력은 중력과 크기가 같고 방향은 반대가 되어야 해요. 그래야 두 힘이 서로 비겨서 이 상상의 물풍선이 제자리에 있을 수 있죠. 따라서 이 상상의 물풍선에 작용하는 부력은, 이 풍선 안에 담긴 물이 받는 중력과 크기가 같아야 한다는 결론을 얻게 됩니다. 물속에서 물체에 작용하는 부력의 크기는, 물체의 부피만큼이 물로 가득 차 있다고 할 때 이 물 덩이의 무게가 받는 중력과 같다는 결과군요. 눈에 보이지 않는 상상의 막으로 둘러싸인 물 덩이를 생각하는 것만으로도 부력의 크기와 방향을 이해할 수 있습니다. 생각만으로 하는 이런 공짜 사고 실험을 물리학자들이 좋아하는 이유를 여러분도 짐작할 수 있겠죠?

두 번째 사고 실험으로 넘어가 봅시다. 방금 그 상상의 풍선 속 물을 모두 비워 내면 어떻게 될까요? 이제 풍선 안에는 아무것도 없으니 질량도 없고 따라서 이 풍선에 작용하는 중력도 없습니다. 하지만 풍선의 바깥에서 풍선의 안쪽을 향해 미는 압력은 첫 번째 사고 실험과 마찬가지고, 따라서 부력은 변화가 없습니다. 결국 두 번째 그림에서 빈 풍선은 떠오르게 됩니다. 이 부력의 크기는 두 번째 그림의 하얀색 부분의 부피 전체가 물로 가득 차 있을 때, 그 물의 무게가 받는 중력과 같아요. 물론 방향은 위 방향입니다. 뽀글뽀글 공기 방울이 물속에서 떠오르는 모습을 떠올려 보셔도 좋겠네요.

이제 세 번째 사고 실험입니다. 두 번째 사고 실험에서 모두 비워 낸 풍선의 내부를 물이 아닌 다른 물질로 가득 채우는 겁니다. 이제 어떤 일이 생길까요? 이 물체의 밖에서 물이

가하는 압력으로 발생하는 부력은 세 상황에서 변화가 없습니다. 하지만 이제 풍선 안에 넣은 물질의 질량 때문에 중력이 발생하겠죠? 결국 우리는 지금까지 함께 생각해 본 세 사고 실험을 통해서 아래의 결론을 얻을 수 있어요.

---

물속에 잠긴 물체에 작용하는 힘
=물체에 작용하는 중력(아래 방향)+이 물체의 부피만큼의 물의 무게가 받는 중력과 같은 크기의 부력(위 방향)

---

## ● 균형 잡기의 귀재, 물고기 잠수함

물이 담긴 페트병에 물고기 잠수함을 넣으면, 수면 근처에 물고기 잠수함이 뜹니다. 물구나무를 선 물고기 잠수함의 꼬리가 얼마나 높이 수면 위에 있는지는 이제 중력과 부력의 경쟁으로 결정됩니다. 가만히 떠 있는 물고기 잠수함이 현재의 위치에서 조금 아래로 내려가면 물속에 잠긴 부피가 더 커지고 따라서 위 방향의 부력도 더 커지겠죠? 따라서 물고기가 조금 아래로 내려가면 부력이 중력보다 커져서 물고기가 떠오르게 됩니다. 거꾸로, 물고기가 조금 위로 올라가면 물속에 잠긴 부피가 줄어드니 부력이 줄어들고, 따라서 중력이 부력보다 더 커져서 아래로 내려갑니다. 특정 높이를 기준으로 이 높이보다 낮아지면 위로 떠오르고, 이 높이보다 높아지면 아래로 가라앉게 되죠. 결국 중력과 부력의 크기가 정확히 같아지는 특정 높이에서 물고기는 역학적 평형을 이루고 그 자리에 가만히 떠 있게 됩니다.

중력과 부력으로 쉽게 설명할 수 다른 현상도 있어요. 혹시 '빙산의 일각'이라는 말 들어 봤나요? 수면 위로 떠올라 우리 눈에 보이는 빙산보다 바닷물 속에 잠겨 있는 빙산의 크기가 훨씬 더 크다는 것을 비유한 말이죠. 왜 빙산의 일각이라는 표현이 등장했는지도, 쉽게 중력과 부력을 비교해서 이해할 수 있습니다. 물리 장난감 플러스에서 자세한 계산을 소개했어요.

아까 물고기 용기가 들어 있는 물이 담긴 페트병을 두 손으로 감싸고 강하게 누르자 수면 근처에 있던 물고기가 물속으로 가라앉았죠? 이것의 원리를 설명해 볼게요. 먼저, 물고기 용기 전체에 작용하는 중력은 우리가 손으로 페트병을 강하게 누르든 말든 변할 이유가 없습니다. 물고기 용기 전체의 질량이 변할 리가 없으니까요. 따라서 손으로 페트병을 누르면 물고기가 아래로 내려가는 이유는 중력이 더 커져서가 아니라, 부력이 줄어들었기 때문이라는 것을 짐작할 수 있습니다.

왜 페트병을 강하게 누르면 부력이 줄어들까요? 부력은 물속에 잠긴 물고기 용기의 부피만큼의 물의 무게가 받는 중력과 같다는 이야기를 앞에서 했습니다. 결국 부력이 줄어들려면 물고기 용기의 부피가 줄어들어야 하죠. 물고기 용기 안에는 물과 함께 공기도 들어 있습니다. 페트병을 강하게 손으로 누르면 페트병 안에 큰 압력이 만들어집니다. 그리고 이렇게 강해진 압력이 물고기 용기에 작용하게 되면 물고기 용기 전체의 부피가 줄어들게 됩니다. 용기 안 공기는 부피가 줄어들 수 있는 기체이기 때문이죠. 결국, 손으로 강하게 페트병을 누르면 그 안의 물고기 용기의 부피가 줄어들고, 따라서 부력이 줄어드는 것이죠. 중력은 변화가 없는데 부력이 줄어들면 물고기 용기가 당연히 아래로 가라앉게 되겠죠? 압력이 커지면 기체의 부피가 줄어든다는 보일의 법칙과도 관련되는 이야기입니다.

## ● 물고기 부레의 원리

물고기 잠수함으로 부력의 원리를 설명해 봤어요. 물속에서 헤엄치며 살아가는 실제 물고기도 부력의 원리를 이용해 수면 가까이 떠오르거나 물속 깊이 아래로 내려갑니다. 어렸을 때, 친구들과 개울에서 물고기를 잡아서 매운탕을 맛있게 끓여 먹었던 기억이 납니다. 물고기의 내장을 제거하다 보면, 부레를 볼 수 있었어요. 부레는 그 안에 공기가 들어 있는 작은 풍선처럼 생겼답니다. 물고기가 부레에 더 많은 공기를 불어 넣어서 부레의 부피를 크게 하면 부력이 커지고 물고기는 떠오릅니다. 거꾸로 물고기가 자기 몸속 부레의 부피를 줄이면 부력이 작아져서 아래로 가라앉게 됩니다. 물고기도 물리학을 이용해 살아가는 셈이죠.

# 물리 장난감
플러스

## ● 빙산의 일각은 $\frac{1}{10}$

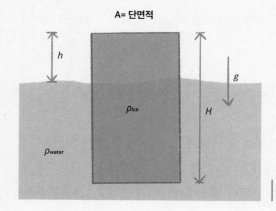

A= 단면적

$h$

$g$

$\rho_{ice}$

$H$

$\rho_{water}$

그림48 | 바다에 떠 있는 빙산의 옆 모습.

이 그림은 물에 떠 있는 빙산을 옆에서 본 모습입니다. 빙산의 전체 높이는 $H$인데, 수면에 뜬 부분의 높이는 $h$입니다. 빙산의 단면적은 $A$라고 할게요. 빙산이 이 그림의 모습으로 가만히 떠 있으려면 빙산에 작용하는 중력과 부력이 같은 크기여야 해요. 먼저, 중력을 계산해 보죠. 빙산 전체의 질량 $M$은 빙산을 이루는 얼음의 밀도 $\rho_{ice}$에 빙산의 부피 $AH$를 곱해서 $M=\rho_{ice}AH$입니다. 그리고 질량에 중력 가속도를 곱하면 보통 우리가 무게라고 부르는 중력이 됩니다. 결국 중력의 크기 $F_g = \rho_{ice}AHg$입니다. 이제 부력의 크기를 구할 차례입니다. 빙산에 작용하는 부력의 크기는 물에 잠긴 부피만큼의 물의 무게와 같아요. 물에 잠긴 부피는 $A(H-h)$이니까, 부력의 크기는 $F_b = \rho_{water}A(H-h)g$군요. 중력과 부력이 평형을 이룬 상태로 빙산이 물에 떠 있기 위한 조건 $F_g = F_b$에 앞에서 얻은 수식을 대입하면, $\rho_{ice}AHg = \rho_{water}A(H-h)g$이므로 $(H-h)/H = \rho_{ice}/\rho_{water}$입니다. 물의 밀도가 약 $1g/cm^3$, 얼음의 밀도가 약 $0.9g/cm^3$라는 것을 이용하면, $(H-h)/H = 0.9$입니다. 따라서 $h/H = 0.1$이네요. 바다에 떠 우리 눈에 보이는 빙산의 높이가 10m라면 물속에 잠겨 있는 빙산의 높이는 90m라는 결론입니다. 전체 빙산의 높이 중 딱 $\frac{1}{10}$만 물 위에 떠 우리 눈에 보인다는 이야기군요. 빙산의 일각은 $\frac{1}{10}$입니다.

이 계산을 다시 살펴봐요. 재밌는 이야기가 더 있네요. 빙산의 일각이 $\frac{1}{10}$이라는 결론을 얻는 중간 단계의 수식을 보면 지구 표면 근처의 중력 가속도 $g$의 값은 결과에 아무런 차이를 만들지 못해요. 우리 지구와 중력 가속도가 다른 외계 행성에 외계인이 살고 있다면, 이 외계인에게도 빙산의 일각은 $\frac{1}{10}$이군요.

이 계산 과정에서 얼음과 물의 특별한 점도 찾아볼 수 있어요. 앞의 계산에서 이용한 얼음과 물의 밀도 값을 보면 고체인 얼음의 밀도가 액체인 물의 밀도보다 작다는 것을 알 수 있어요. 대부분의 물질은 고체 상태일 때 밀도가 더 높아서,

물은 아주 예외적인 물질이랍니다. 강물이나 호수의 물이 겨울에 얼기 시작할 때, 작은 얼음의 결정이 만들어지면서 떠올라요. 물은 아래부터가 아니라 위부터 얼게 되는 겁니다. 얼음 아래에는 액체 상태의 물이 존재해서 물속 생명체가 겨울에도 살아갈 수 있고요. 만약 얼음의 밀도가 물의 밀도보다 더 크다면 물이 바닥부터 얼기 시작해서 겨울에 물고기가 물속에서 살아가기 어렵겠죠? 또, 이 경우에 빙산은 떠오르지 못하고 물속으로 가라앉게 됩니다.

빙산의 일각을 이해하면, 얼어붙은 겨울 호수 아래에서 물고기가 살 수 있다는 것도 함께 이해할 수 있다는 것이 참 재밌어요. 과학의 눈으로 보면 아주 달라 보이는 두 자연 현상이 밀접하게 연관되어 있다는 깨달음을 얻을 때가 많아요. 이럴 때 저는 제가 과학을 정말 사랑한다고 느낍니다. 다양한 자연 현상을 하나의 단순한 시선으로 모두 이해할 수 있을 때, 정말 짜릿하거든요.

# PART 2

# 열과 에너지를 운반하는 물리 장난감

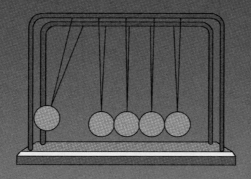

# 보이지 않는
## 에너지를 찾는 법

에너지 보존 법칙과
뉴턴의 진자

크기와 모양이 같은 쇠구슬 다섯 개가 나
란히 실에 매달려 있어요. 왼쪽에 있는 쇠구슬을 손가락으로
잡아 옆으로 당긴 다음 놓으면 구슬들이 차례로 충돌한 뒤 가
장 오른쪽에 있는 쇠구슬이 튕겨 나갑니다. 하나가 아닌 쇠구
슬 두 개를 당겼다가 놓으면 오른쪽에서 두 개가 튕겨 나가고
요. 바로 '뉴턴의 진자' 혹은 '뉴턴의 요람'이라 불리는 장난감
입니다. 좌우로 왕복하는 모습이 어린 아기를 태우고 어르는
요람과 비슷해 붙여진 이름입니다.

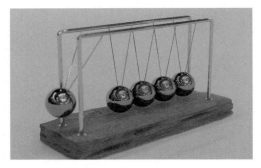

쇠구슬 하나를 당겼다 놓는 것으로 이 운동은 시작됩니다. 그러면 반대쪽 쇠구슬 하나가 튕겨 나갔다가 진자 운동을 통해 다시 돌아와 충돌하고, 그러면 다시 처음의 쇠구슬이 튀어 나갔다 돌아와 충돌하죠. 이렇게 왼쪽 끝 쇠구슬과 오른쪽 끝 쇠구슬이 번갈아 가며 충돌을 반복합니다. 탁탁탁탁 소리를 내며 반복적으로 움직이는 모습을 넋을 잃고 한동안 바라보았던 기억이 나네요.

이처럼 사무실 책상 위에 올려놓고 잠깐 머리를 식히는 데 사용할 수 있는 어른용 장난감을 스트레스 해소 장난감이라고 합니다. 영화나 드라마에서 가끔 회장님 집무실 고급 책상 위에 뉴턴의 진자 같은 멋진 모양의 장난감이 놓여 있기도 하잖아요?

그런데 스트레스는 물리학 용어이기도 합니다. 변형력 혹은 응력이라고 우리말로 번역하는 '스트레스(stress)'는 딱딱한 물체에 밖에서 가한 단위 면적당 힘을 뜻합니다. 그래서인지

한참 전에 우리말로 번역된 어느 물리학 교재에서는 뉴턴의 진자를 '응력 완화 장치'로 소개하기도 했어요. 스트레스 해소용(stress reliever)을 잘못 번역한 것이죠. 사실 스트레스는 오래전에 물리학의 개념으로 먼저 등장했고, 1920년대부터 심리적인 압박감을 뜻하는 의학 용어로 의미가 확장되었다고 합니다. 우리나라에서는 스트레스라는 외래어를 그대로 사용하지만, 만약 의학 분야에서 응력으로 번역해 사용했다면 '응력 완화 장치'가 맞는 번역일 수도 있었겠습니다.

이처럼 다양한 분야에서 같은 용어가 다른 의미로 쓰일 때가 많답니다. 한 분야의 용어에 익숙하다고 해서 다른 분야의 같은 용어를 아는 건 아니라는 점을 꼭 기억해 주세요. 제가 물리학의 응력은 알아도 의학의 스트레스에 대해서는 잘 모르는 것처럼 말이죠!

---

운동 에너지(kinetic energy)와 에너지 보존 법칙(energy conservation)
물체의 질량 $m$과 속도 $v$의 제곱을 곱하고 절반으로 나눈 값 $\frac{1}{2}mv^2$이 물체의 운동 에너지다. 그리고 운동 에너지를 포함해서 물체가 가진 모든 에너지를 더하면 그 값이 일정하게 유지된다는 것이 물리학의 에너지 보존 법칙이다.

---

뉴턴의 진자의 작동 원리를 이해하기 위해서는 운동량 보존 법칙과 에너지 보존 법칙이 필요합니다. 질량 $m$인 물체가 $v$의 속도로 움직이고 있을 때, 물체의 운동량은 $mv$, 그리고 물체의 운동 에너지는 $\frac{1}{2}mv^2$으로 주어집니다. 왜 이렇게 정

의되는지가 궁금하다면 124쪽 물리 장난감 플러스를 살펴보세요. 고등학교 수준의 미분과 적분이 그리 낯설지 않다면 어렵지 않게 이해할 수 있습니다. 물론 그냥 '그렇구나' 하고 받아들이기만 해도 괜찮습니다.

## ● 하나를 당겼다 놓으면 하나, 둘을 당겼다 놓으면 둘

운동량과 운동 에너지를 이용하면 뉴턴의 진자가 왜 하필 그렇게 움직이는지를 설명할 수 있습니다. 먼저, 왼쪽의 첫 번째 쇠구슬 하나를 충돌시키면 왜 오른쪽 끝 하나의 쇠구슬만 움직이는지 설명해 볼게요. 운동량 보존 법칙을 생각했을 때, 왼쪽 구슬의 속도가 $v$라면 오른쪽 두 개의 구슬이 각각 $\frac{1}{2}v$의 속도로 움직이는 것도 가능해 보입니다. 충돌 전 운동량은 $mv$이고 충돌 후 오른쪽의 두 구슬의 운동량은 각각 $\frac{1}{2}mv$라서 충돌 후 오른쪽 두 구슬의 운동량의 총합이 $\frac{1}{2}mv+\frac{1}{2}mv=mv$를 만족하기 때문이죠. 하지만 오른쪽 두 구슬이 각각 $\frac{1}{2}v$의 속도로 움직이는 것은 운동 에너지의 총합이 충돌 전후에 일정하게 보존된다는 에너지 보존 법칙에 위배됩니다. 충돌 전 운동 에너지는 $\frac{1}{2}mv^2$인데 충돌 후 두 구슬의 운동 에너지의 총합은 $\frac{1}{2}m\left(\frac{1}{2}v\right)^2+\frac{1}{2}m\left(\frac{1}{2}v\right)^2=\frac{1}{4}mv^2$이어서 충돌 전후의 에너지가 달라지니까요. 관심 있는 분은 더 일반적인 상황을 가정해서 충돌 후 오른쪽에서 튕겨 나가는 두 쇠구슬의 속도가 각각 $a, b(a+b=v)$라고 하고 에너지 보존 법칙을 만족하는 $a$와 $b$를 구해 보세요.

결국 운동량과 운동 에너지가 전 과정에서 일정하게 보존되려면 왼쪽에서 쇠구슬 하나를 충돌시켰을 때 오른쪽에서도 구슬 하나가 튕겨 나가야 한다는 결과를 얻게 됩니다. 왼쪽에서 당겼다 놓는 구슬의 숫자가 둘, 셋, 넷으로 늘어나도 마찬가지입니다. 각각 오른쪽에서 튕겨 나가야 하는 구슬은 둘, 셋, 넷이 되어야 하는 거죠. 뉴턴의 진자는 운동량과 운동 에너지 보존의 컬래버레이션이 만들어 낸 작품입니다.

## ◑ 처음에 있었던 에너지는 대체 어디로 사라졌을까

뉴턴의 진자는 여러 번 왕복하며 연이은 충돌을 이어가다가 결국은 멈추게 됩니다. 처음에 잡아당긴 쇠구슬의 중력에 의한 퍼텐셜 에너지는 쇠구슬의 운동 에너지로 변환되어서 나머지 진자에 쾅 하고 충돌합니다. 하지만 최종적으로 모든 구슬이 운동을 멈춘 상황에 도달하게 되면 전체의 운동 에너지는 0이 됩니다. 처음과 나중 상태를 비교하면 에너지가 보존된다는 물리학의 중요한 법칙을 위배하는 것처럼 보입니다. 그렇다면 처음에 구슬이 가지고 있던 에너지는 도대체 어디로 사라진 것일까요?

여기서 열역학 제1법칙을 살펴볼 때가 됐습니다. 물리학의 역학적 에너지 보존 법칙을 더 크게 확장한 것으로, 역학적 에너지를 포함해 모든 에너지를 더하면 어떤 상황에서라도 전체 에너지가 일정하게 보존되어야 한다는 법칙입니다. 사라진 에너지를 찾는 일은 집에서 잃어버린 물건을 찾는 일과 비슷합니다. 물건이 제 발로 나갈 리가 없으니 눈에 안 보이는 물건은 집안 어디엔가 분명히 있습니다. 마찬가지로 에너지가 사라진 것처럼 보여도 어딘가에 다른 형태로 숨어 있는 것이죠.

뉴턴의 진자가 최종적으로 멈춘 상황에서 역학적인 에너지는 0이 맞습니다. 그렇다면 처음의 역학적 에너지가 역학적이지 않은 에너지로 전환된 것이겠지요. 뉴턴의 진자가 작동할 때 "탁탁탁" 소리가 나니까요. 에너지의 일부는 소리의 형태로 밖으로 사라졌습니다.

역학적 에너지는 다른 형태로도 변환됩니다. 우리 눈에 보이지 않는 형태로 말입니다. 겨울에 손바닥을 맞대고 강하게 여러 번 비비면 손이 따뜻해지는 것과 마찬가지로, 역학적 에너지의 일부는 쇠구슬을 구성하는 여러 원자의 마구잡이 열운동으로 바뀌게 됩니다. 정말 미세한 온도 차이도 측정할 수 있는 온도계가 있다면, 모든 구슬이 멈춘 뒤 쇠구슬의 온도를 쟀을 때 처음보다는 온도가 약간 높아졌음을 확인할 수 있을 거예요. 이런 방식으로 변환된 에너지를 열역학에서는 내부 에너지라고 불러요. 말 그대로 안쪽에 있어 밖에서 보이지 않는 에너지인 셈이죠. 뉴턴의 진자가 처음 가지고 있던 역학적 에너지는 결국 쇠구슬의 내부 에너지로 바뀌어 쇠구슬의 온도를 올리고, 또 일부는 주변 공기를 이루는 분자들의 내부

에너지로도 바뀝니다. 다른 일부는 소리 에너지의 형태로 방 안 곳곳에 전달된 것이고요. 이 모든 에너지를 남김없이 모으 면 처음의 역학적 에너지와 그 크기가 같게 됩니다. 역학적 에너지를 포함한 모든 에너지의 총합은 일정하게 보존된다 는 열역학 제1법칙이 우리에게 알려주는 진실입니다.

# 물리 장난감
# 플러스

## ● 미분과 적분으로 이해하는 운동량과 운동 에너지

물리학의 고전 역학에서 가장 중요한 것이 무엇이냐고 물으면 모든 과학자가 뉴턴의 운동 법칙인 $F=ma$를 꼽습니다. 맞습니다. 이 식의 의미만 잘 알고 있어도 고전 역학의 여러 물리 개념을 잘 이해할 수 있거든요. 곧 소개할 운동량과 운동 에너지도 마찬가지입니다. 그럼, 먼저 $F=ma$로부터 어떻게 운동량의 개념을 끌어낼 수 있는지 살펴봅시다.

이를 위해서는 가속도 $a$가 속도 $v$의 시간에 대한 미분이라는 것, 즉 $a=\frac{dv}{dt}$ 라는 것을 알아야 합니다. 속도가 시간이 지나면서 더 늘어나면 $\frac{dv}{dt}>0$이므로 물체가 가속하고 있는 상황인 거죠. 가속도가 속도의 시간 미분이라는 것을 이용해 뉴턴의 운동 법칙 $F=ma$를 다시 적으면 $F=m\frac{dv}{dt}$ 입니다. 질량 $m$이 시간에 따라서 변하지 않는 물체라면 우리는 $F=\frac{d(mv)}{dt}$ 를 얻게 됩니다. 이 식에 등장하는 $mv$가 바로 운동량 $p$입니다. 결국 $F=\frac{dp}{dt}$죠. 따라서 운동량은 $p=mv$로 정의합니다.

다음에는 질량이 $m_1$, $m_2$인 두 물체를 생각해 볼게요. $m_1$이 $m_2$에 작용하는 힘이 $F_{12}$이고 $m_2$가 $m_1$에 작용하는 힘이

$F_{21}$일 때, 뉴턴의 운동 제3법칙인 작용 반작용의 법칙에 따라 $F_{21}=-F_{12}$입니다. 내가 벽을 손으로 밀면 벽은 내 손을 정확히 같은 크기의 힘으로 반대 방향으로 미는 것처럼요. 각 물체에 대해서 뉴턴의 운동 방정식을 적으면 $F_{21}=\frac{dp_1}{dt}$, $F_{12}=\frac{dp_2}{dt}$인데, $F_{21}+F_{12}=0$이므로 결국 $\frac{dp_1}{dt}+\frac{dp_2}{dt}=\frac{d(p_1+p_2)}{dt}=0$입니다. 바로 두 물체의 운동량의 총합 $p_1+p_2$가 일정한 값으로 보존된다는 운동량 보존 법칙입니다. 이처럼 운동량 보존 법칙은 뉴턴의 운동 제2법칙인 $F=ma$와 제3 법칙인 작용 반작용 법칙으로부터 자연스럽게 유도됩니다.

자, 이제 운동 에너지를 살펴볼 순서가 되었네요. 운동량 보존 법칙은 미분을 이용해 유도했지만, 운동 에너지의 개념은 적분을 이용해야 해요. 다시 또 뉴턴의 운동 법칙 $F=ma=m\frac{dv}{dt}$에서 시작해 보죠. 이 식의 양변에 속도 $v$를 곱해 봅시다. 그럼 $F\cdot v=mv\cdot\frac{dv}{dt}$입니다. 이번에는 양변에 $dt$를 곱해 봅시다. 그러면 $Fv\cdot dt=mv\cdot dv$입니다. 한편 속도 $v$는 위치를 시간에 대해 미분한 것이어서 $v=\frac{dx}{dt}$라는 것을 이용하면 방금 얻은 식의 좌변의 $v\cdot dt$를 $dx$로 바꿔 적을 수 있게 됩니다. 마지막으로 양변을 A 상태에서 B 상태까지 적분하면 아래의 식을 얻게 됩니다.

$$\int_A^B Fdx=m\int_A^B vdv=\frac{1}{2}mv_B{}^2-\frac{1}{2}mv_A{}^2$$

위 식의 좌변에 등장하는 것이 바로 역학적인 일(work) $W$ 의 정의입니다. 식의 가장 우변에 드디어 우리가 얻고자 했던 운동 에너지의 표현 식이 등장하는군요. A가 처음 상태, B가 나중 상태라면 우변은 나중의 운동 에너지에서 처음의 운동 에너지를 뺀, 운동 에너지의 변화량에 해당하게 됩니다. 물리학에서는 운동 에너지(kinetic energy)를 보통 $K$로 적고, 변화량은 $\Delta$로 표시합니다. 우리가 얻은 식이 바로 아래의 일-운동 에너지 정리입니다.

$$W = \Delta K$$

물체에 힘을 가해서 물체를 움직이면, 그 힘이 가한 역학적인 일의 양만큼 물체의 운동 에너지가 늘어난다는 정리죠. 뉴턴의 운동 법칙, 그리고 역학적 일의 정의를 이용한 이 계산에서 우리는 운동 에너지의 수식 표현을 찾을 수 있습니다.

$$K = \frac{1}{2} mv^2$$

좀 어려웠나요? 정확한 전개 과정은 잊어도 좋아요. 다만 여러분이 기억해 줬으면 하는 것은, 물리학의 운동량과 운동 에너지가 왜 각각 $mv$와 $\frac{1}{2}mv^2$로 정의되는지를 뉴턴의 운동 법칙과 미적분으로 알아낼 수 있다는 것입니다.

# 동전이 세로로
# 서지 않는 이유

에너지 바닥 상태와
마술 주사위

주사위를 던질 때 자신이 생각해 놓은 숫
자가 나올 확률은 얼마나 될까요? 이 주사위로는 100%를 만
들 수 있습니다. 던지는 사람이 어떤 주사위 눈을 보여 줄지
를 마음대로 선택할 수 있는 마술 주사위가 있거든요. 그뿐
아닙니다. 아무렇게나 던져 주면 종이학 모양이 되는 헝겊 손
수건도 있습니다.

그림50 │ 던지는 족족 원하는 눈이 나오게 할
수 있는 마술 주사위.

│ 그림51 │ 스스로 접히는 형상 기억 헝겊 학.

## 🌓 오늘 저녁의 운명을 동전에 맡긴다

　오래전 고등학생 때 친구가 이런 제안을 한 적이 있습니다.
동전을 던져서 앞면이 나오면 야간 자율 학습을 빠지고 영화
를 보러 가고, 뒷면이 나오면 게임을 하러 가자고요. 그리고

동전이 세로로 똑바로 서면 그냥 둘이 함께 남아서 공부하기로 했습니다. 공부할 마음이 당연히 없었으니까 이 놀이를 시작했겠죠? 그런데 글쎄, 동전이 똑바로 선 거예요! 물론 그 친구랑 저는 온갖 핑계를 대며 동전을 다시 던졌고, 그날 저녁은 아주 재미있게 놀았습니다.

위로 높이 던진 동전이 똑바로 설 가능성은 거의 없죠. 아마 그날도 바닥에 놓여 있던 뭔가에 동전이 기대어 섰던 것 같아요. 하지만 던지지 않고 손가락으로 잘 조절하면 여러분도 동전을 세울 수 있습니다. 한번 해 보시죠. 저도 이참에 해 봤더니 십 원짜리 동전이 세우기 쉽더군요.

우리는 일반적으로 동전의 상태가 앞면 또는 뒷면을 보이면서 바닥에 누워 있으리라 기대합니다. 그런데 왜 세로로 똑바로 서 있는 동전은 보기 어려울까요? 두 장난감과 '똑바로 선 동전'을 물리학의 에너지 바닥 상태의 개념과 연관 지어 생각해 보려 합니다.

---

**에너지 바닥 상태(ground state of energy)**
주어진 상황에서 계가 갖는 가장 낮은 에너지 상태. 물리 시스템은 평형 상태에서 에너지가 낮은 바닥 상태에 있으려는 경향이 있다.

---

### ● 물이 아래로 흐르는 이유

물리학의 에너지 바닥 상태로 이해할 수 있는 것은 주변에 정말 많습니다. 손에서 가만히 놓은 동전이 위로 솟구치지 않고 아래로 떨어지는 이유도 에너지 바닥 상태로 설명할 수 있어요. 중력장 안에 놓인 모든 물체는 중력에 의한 퍼텐셜 에너지를 가집니다. 바닥에서 더 높은 곳에 있을수록 물체가 가진 퍼텐셜 에너지가 크죠. 반대로 가장 낮은 위치인 바닥에 놓여 있을 때 가장 적은 퍼텐셜 에너지를 갖게 됩니다. 물체가 아래로 떨어지는 이유는 에너지가 더 낮은 상태에 물체가 있으려는 경향 때문입니다. 경사면 위에 놓은 구슬이 아래로 굴러 내려가는 것, 폭포나 계곡의 물이 위에서 아래로 움직이는 것도 같은 원리입니다. 자연에서 일어나는 변화의 방향은 이처럼 처음 상태보다 나중 상태의 에너지가 더 낮아지는 방향일 때가 많습니다.

## ● 구슬이 골짜기가 있는 산길을 만나면

아래로 굴러가는 구슬이 도중에 골짜기를 만나면 어떤 일이 생길까요? 골짜기의 왼쪽 멀지 않은 곳에서 처음 구슬을 놓았다면 구슬은 골짜기를 지나 그다음에 만나는 언덕을 넘어가지 못합니다. 골짜기 안 깊은 곳에 결국 머물게 되죠. 하지만 구슬을 아주 높은 위치에서 놓으면 도중의 언덕을 훌쩍 건너가 저 오른쪽 아래 평평한 땅까지 굴러가게 됩니다. 그림 52처럼 위아래로 구불구불한 산비탈의 경우에는 구슬이 머물 수 있는 위치가 둘이 됩니다. 골짜기 안, 그리고 산 오른쪽 땅바닥이죠. 가만히 생각해 보면 도중의 언덕 꼭대기에 구슬을 아슬아슬하게 올려놓아도 구슬은 그 자리에 머물 수 있다는 것을 알 수 있어요. 이처럼 구슬을 가만히 두면 구슬이 제자리에 계속 머무는 상태를 물리학에서는 '평형 상태'라고 합니다. 그림의 구불구불한 비탈길에는 세 개의 평형 상태가 있는 거죠. 골짜기 안, 중간 언덕 꼭대기, 그리고 산 아래 땅바닥입니다. 하지만 언덕 꼭대기에서는 아주 조금만 구슬을 움직여도 구슬이 왼쪽, 혹은 오른쪽으로 굴러떨어지게 됩니다. 언덕 꼭대기는 안정적인 평형 상태가 아닌 것이죠.

정리하면, 아래 그림의 구불구불 산길에는 세 평형 상태가 있습니다. 그중 골짜기 안과 산 아래 땅바닥은 안정적인 평형 상태에 해당합니다. 한편 중간의 언덕 꼭대기는 불안정한 평형 상태고요. 그런데 골짜기 안 가장 깊은 위치와 땅바닥은 땅으로부터의 높이가 달라 에너지가 다릅니다. 안정적인 평형 상태 중 아래 그림의 골짜기 안과 같이 에너지가 더 높은 상태를 물리학에서는 준(準)안정 상태라고 부릅니다. 저 산길 아래 땅은 진정한 안정 상태라고 할 수 있고요.

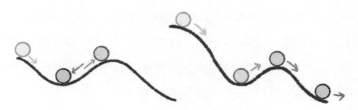

| 그림52 | 중간에 골짜기가 있는 산 비탈길.

## ● 동전을 던졌을 때의 에너지 풍경

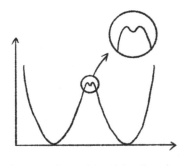

| 그림53 | 던진 동전의 에너지 풍경.

똑바로 선 동전 이야기로 돌아가 봅시다. 물체가 어떤 상태에 있을지를 정성적으로 이해하는 좋은 방법은 전체 '에너지 풍경(energy landscape)'을 그려 보는 것입니다. 아래 그림을 보죠. 양쪽의 깊은 에너지 골짜기는 각각 동전이 앞면, 그리고 뒷면을 보여 주는 상태를 뜻합니다. 일단 둘 중 하나의 골짜기 안 깊은 곳에 놓인 동전은 엄청난 충격을 주기 전에는 계속 그 자리에 있습니다. 동전의 경우에는 두 개의 안정적인 평형 상태가 있는 거죠.

한편 중간 언덕 꼭대기 부근에도 아주 야트막한 골짜기가 보입니다. 바로 제가 10원짜리 동전을 똑바로 세울 수 있었던 이유입니다. 똑바로 세운 동전을 아주 조금만 건드려도 동전은 왼쪽 혹은 오른쪽의 안정 상태로 움직여 가게 됩니다. 현실의 동전의 경우에는 언덕 위 작은 골짜기의 폭이 무척 좁고, 골짜기의 깊이도 무척 얕을 것이 분명합니다. 동전을 똑바로 세우는 것이 정말 어려운 이유입니다.

# ● 마술 학과 마술 주사위의 비밀 대공개

드디어 장난감을 소개할 때가 되었습니다. 먼저 저절로 다시 접히는 헝겊으로 만든 종이학 이야기를 해 볼게요. 조금 전에 설명한 것처럼, 이 헝겊 학에도 두 종류의 평형 상태가 있다는 것을 알 수 있어요. 구겨진 손수건처럼 바닥에 거의 평평하게 펼쳐진 상태와 종이학 모양으로 잘 접힌 상태입니다. 바닥에 펼쳐졌을 때가 에너지가 더 높은 준안정 상태입니다. 손바닥 위에 놓고 위로 던지기를 몇 번 반복하면 학 모양이 되고, 이후에는 계속 던지더라도 처음 펼쳐진 모습의 준안정 상태로 돌아가지 못합니다. 즉, 예쁘게 학 모양으로 접혀 있는 상태가 구겨진 모습의 준안정 상태보다 더 에너지가 낮은 상태인 거죠.

그러니까 학 모양 헝겊은 앞에서 소개한 골짜기 그림과 비슷한 에너지 풍경을 갖고 있습니다. 골짜기 바닥이 펼쳐진 헝겊 상태(준안정 상태), 그리고 산 아래 땅바닥이 예쁘게 종이학의 모습으로 접힌 상태(안정 상태)지요. 종이학의 형상을 이 헝겊 조각이 기억하는 이유는 바로 그 예쁜 모습일 때가 에너지가 더 낮은 평형 상태, 가장 에너지가 낮은 바닥 상태에 해당하기 때문입니다.

마술 주사위 이야기도 해 보죠. 자, 주사위로 무슨 숫자를 보여 줄까요. 4가 나오도록 해 보겠습니다. 잠깐, 마술을 보여 주는 데는 시간이 좀 필요합니다. 원래 시간을 좀 끌어야 기대감도 커지는 법! (시간의 흐름) 자, 던집니다! 4가 나왔습니다! (와우!)

던지는 사람이 주사위의 눈을 마음대로 할 수 있는 마술 주사위의 원리는 무엇일까요? 4가 나오게 하고 싶다면 4의 눈을 위로 해서 주사위를 한동안 가만히 두면 됩니다. 주사위의 내부 구조는 분해해 보지 않아도 짐작할 수 있어요. 주사위 내부에는 아래로 흘러내릴 수 있는 작은 모래알이나 물, 그러니까 중력으로 인해 아래로 흐르는 물질이 들어 있을 겁니다. 이 상태로 잠시 두면 내부의 물질이 아래로 이동하면서 무게 중심이 아래로 이동하죠. (무게 중심은 중심 잡는 새를 다룬 13~21쪽에 설명되어 있어요.) 무게 중심이 아래에 있을수록 중력에 의한 퍼텐셜 에너지가 낮아져서 더 안정적인 상태가 됩니다. 따라서 다시 주사위를 굴렸을 때 에너지가 가장 낮은 상태, 곧 4의 눈이 위를 향해 있는 상태를 찾아가게 되는 것이죠. 만약 4가 아닌 6의 눈이 나오게 하려면 6의 눈을 위로 해서 한동안 놓아 두었다가 던지면 됩니다.

형상 기억 마술 헝겊 학, 그리고 원하는 눈을 보여줄 수 있는 마술 주사위는 사실 모두 물리학의 마술입니다. 물리학의 에너지 바닥 상태, 그리고 안정적인 평형 상태의 개념으로 이해할 수 있는 장난감이죠. 에너지 풍경의 의미도 기억해 주세요. 우리 주변에서 일어나는 많은 물리 현상을 이해할 때 무척 도움이 되는 개념입니다.

# 작은 응결핵의
## 파급 효과

**과냉각과
액체 주머니 손난로**

날씨가 쌀쌀해지면 우리가 유용하게 사용하는 것이 있죠. 문방구나 잡화점에서 쉽게 살 수 있는 손난로입니다. 그중 액체 주머니 손난로에는 액체가 담겨 있어요. 안에 들어 있는 철판을 딸깍딸깍 누르면, 액체였던 물질이 고체로 변하면서 온도가 올라서 겨울철 언 손을 녹일 수 있죠. 액체 주머니 손난로는 어떻게 작동하는 것일까요? 그리고 한번 고체로 변한 손난로를 다시 사용하려면 어떻게 해야 할까요? 물리학의 에너지, 안정 상태, 그리고 과냉각의 개념을 이용해서 손난로의 작동 원리를 이해할 수 있답니다.

| 그림54 | 액체 주머니 손난로

> **과냉각(supercooling)과 준안정 상태(metastable state)**
> 우리가 보는 물질의 상태가 시간이 지나도 변하지 않을 때 물질이 안정적인
> 상태에 있다고 한다. 물질 중에는 같은 온도와 압력 조건에서도 하나가 아
> 닌 여러 안정 상태에 있을 수 있는 것들이 있다. 주어진 조건에서 고체 상태
> 가 더 안정적인데도 불구하고 액체 상태로 유지되는 것을 과냉각 상태라고
> 한다. 그리고, 에너지의 바닥 상태보다 더 높은 에너지를 가졌지만 안정적
> 으로 상태가 유지되는 것을 준안정 상태라고 한다.

## ● 주머니 손난로 작동!

제가 가지고 있는 액체 주머니 손난로를 오랜만에 꺼내 봤
어요. 그림55처럼 비닐 팩 안의 물질이 딱딱하게 굳은 고체
상태더군요. 이렇게 고체 상태로 있는 주머니 난로로는 열을
발생시킬 수 없어요. 겨울에 시린 손을 따뜻하게 하려면, 일
단 이 주머니 손난로의 물질을 액체 상태로 변환시켜야 한답
니다. 방법은 간단해요. 냄비에 물을 담아 그 안에 주머니 손
난로를 넣고는 물을 팔팔 끓이면 된답니다. 조금만 시간이 지

나면 비닐 팩 안의
물질이 녹아서 액체
상태로 변하는 것을
볼 수 있어요. 오른쪽
처럼 말이죠. 이렇게
일단 액체 상태로 변
하면 주머니 손난로
를 가지고 다니다가

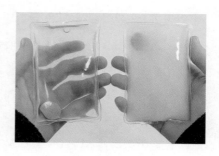

그림55 | 주머니 손난로의 두 상태(고체와 액체).

다음에 필요할 때 사용할 수 있게 됩니다.

비닐 팩 안을 자세히 보면 둥근 모습의 철판이 하나 있네
요. 주머니 손난로에서 열이 나게 하려면, 철판을 손가락으로
두어 번 딸깍하고 누르면 됩니다. 둥근 철판이 있는 부분으로
부터 시작해서 물질이 액체에서 고체 상태로 변하는 것을 볼
수 있어요. 이 과정에서 주머니 손난로가 열을 발생시키고,
이 열을 이용해 우리가 추위로 시린 손을 따뜻하게 할 수 있
게 됩니다.

### ● 안정 상태와 준안정 상태, 그리고 과냉각 상태

자, 이제 차근차근 주머니 손난로의 작동 원리를 설명해 볼
게요. 아래 그래프를 이용해서 말이죠. 이 그래프에서 세로축
은 에너지를 뜻해요. 가로축은 물질이 가질 수 있는 상태라고
생각하면 됩니다. 이 곡선 위로 공을 굴러 떨어뜨리면 어디에

서 멈출까요? 왼쪽에서 공을 굴리면 왼쪽 깊은 골짜기인 A에
서 공이 멈추고, 오른쪽에서 공을 굴리면 오른쪽 골짜기인 B
에서 멈추겠죠? 이처럼 에너지 함수의 모양이 그림과 같다면
물질은 두 종류의 안정 상태를 갖게 됩니다. A와 B가 아닌 다
른 모든 곳에서는 물질이 그 상태에 계속 머물지는 못하고 A
또는 B로 이동하게 되어요. 결국 시간이 지나면 우리가 볼 수
있는 상태는 A 혹은 B, 둘 중 하나일 수밖에 없습니다.

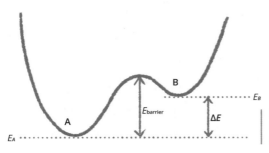

그림56 | 안정적인 상
태가 둘인 에너지 함수
의 모습.

그런데 골짜기 A와 골짜기 B를 비교해 보면 A의 에너지
$E_A$가 B의 에너지 $E_B$보다 더 낮아요. 물질은 에너지가 가장 낮
은 상태를 선호해서, 사실 두 개의 안정 상태 A와 B 중에 A가
더 안정적이고 B는 A보다 덜 안정적이라고 할 수 있죠. 즉 에
너지 지형 전체에서 가장 에너지가 낮은 상태인 A는 전역적
으로 안정한(globally stable) 진정한 안정 상태고, 이에 비해서
에너지가 높은 상태인 B는 국소적으로 안정한(locally stable) 준
안정 상태예요. 자, 그럼 주머니 손난로가 고체 상태일 때와

액체 상태일 때 중에 어떤 것이 진정한 안정 상태고, 어떤 것이 준안정 상태일까요?

주머니 난로가 액체 상태에서 고체 상태로 변하면서 밖으로 열을 방출한다는 것이 결정적 힌트입니다. 에너지 지형을 그린 앞의 그래프를 보면 B보다 A의 에너지가 더 낮죠? 따라서 B 상태에서 A 상태로 변하는 과정에서는 두 에너지 값의 차이에 해당하는 열이 외부로 방출되게 됩니다. 이때 방출되는 에너지 $\Delta E = E_B - E_A$라서 $\Delta E$의 값이 0보다 크죠. 따라서 물질의 상태가 변하면서 에너지가 밖으로 방출되는 것은 항상 에너지가 더 높은 상태에서 에너지가 더 낮은 상태로 변할 때입니다. 이처럼 열이 발생하는 반응을 발열 반응(exothermic reaction)이라고 해요. 거꾸로 열이 유입되어야 일어나는 반응도 있는데, 이 반응은 흡열 반응(endothermic reaction)이라고 합니다. 물이 끓어 수증기가 되는 것은 흡열 반응이고, 수증기가 라디에이터 안에서 물로 변하면서 열을 밖으로 내어놓는 것은 발열 반응이죠.

이제 질문에 대한 답을 찾았죠? 네, 맞습니다. 주머니 손난로가 액체 상태에 있을 때가 고체 상태에 있을 때보다 에너지가 더 높아서 그래프에서 A가 고체 상태, 그리고 B가 액체 상태에 해당합니다. 즉, 주머니 손난로의 진정한 안정 상태는 고체 상태이고, 준안정 상태는 액체 상태랍니다. 겨울에 우리가 주머니 손난로를 작동시키기 전에 손난로는 계속 액체 상태에 있어요. 에너지가 더 낮은 고체 상태가 사실 진정한 에너지의 바닥 상태인데도 말이죠. 이런 상태를 과냉각 상태라고 해요. 액체 상태에서 시작해서 온도를 낮추었는데도 고체 상태로 가지 못하고 여전히 액체 상태에 머물러 있다는 이야기죠.

주머니 난로에 들어 있는 물질뿐 아니라, 우리 주변에서도 자주 경험하는 과냉각 상태가 있습니다. 아마 경험하신 분도 있을 거예요. 여름철 콜라를 빨리 차갑게 하려고 냉동실에 넣은 다음에 꺼내서 콜라를 컵에 따르면, 병에서 나오는 콜라가 갑자기 얼기 시작할 때가 있습니다. 냉동실 안의 낮은 온도를 생각하면 콜라의 진정한 안정 상태는 얼어 있는 상태여야 해요. 하지만 콜라를 냉동실에서 천천히 차갑게 하면, 콜라가 준안정 상태인 액체 상태에 머물러 과냉각 상태에 있게 되고, 콜라를 따를 때 용기와 부딪히면서 만들어지는 작은 충격으로 인해서 콜라가 진정한 안정 상태에 해당하는 고체 상태로 순식간에 변하게 되는 것이죠.

## ● 주머니 손난로 자유자재로 다루기

앞의 설명과 그래프를 이용해 어떻게 해야 고체 상태에 있던 주머니 손난로를 액체 상태로 바꿀 수 있는지도 알 수 있어요. 그래프의 더 깊은 골짜기 A(고체 상태)에 있던 주머니 손난로를 골짜기 B(액체 상태)로 옮기려면 두 골짜기 사이에 있는 높은 산봉우리를 넘어가야 해요. 즉, 밖에서 큰 에너지를 넣어 주어야 하죠. 딱딱한 고체로 변한 주머니 손난로를 액체 상태로 바꾸는 방법 기억하죠? 끓는 물에 주머니 손난로를 넣는 거죠. 이렇게 하면 뜨거운 물이 주머니 손난로에 전달한 큰 에너지를 받아들여서 A에서 B로, 고체에서 액체로, 주머니 손난로의 상태가 변하게 되는 거죠.

지금까지의 논의를 이해했다면, 우리가 주머니 손난로에서 꺼내 쓸 수 있는 에너지는 끓는 물이 손난로에 넣어 준 에너지보다 훨씬 작다는 것을 알 수 있어요. 그래프를 보면 고체를 액체로 바꾸기 위해 필요한 에너지는 가운데에 있는 산봉우리의 높이인 $E_{barrier}$이고, 우리가 손을 따뜻하게 할 때 꺼내 쓰는 에너지는 $\Delta E$에 불과하기 때문이죠. 우리가 공급한 에너지보다 더 큰 에너지를 꺼내 쓸 수는 없다는, 열역학의 법칙과도 일맥상통하는 결과입니다.

주머니 손난로의 두 상태, 액체와 고체 상태는 둘 모두 어느 정도 안정적인 상태라서, 우리가 가만히 두면 주머니 손난로는 계속 같은 상태를 유지합니다. 고체 상태면 계속 고체 상태에 있고, 액체 상태면 계속 액체 상태에 있죠. 그런데 액체 상태에 있는 주머니 손난로 안에 있는 철판을 누르면 무슨 일이 생기는 것일까요?

과냉각 상태에 있는 액체는 고체로 바꾸려면 그 과정을 처음 촉발하는 무언가가 있어야 해요. 대표적인 예로 아주 작은 응결핵 같은 것이 있으면, 응결핵을 중심으로 그 주변부터 고체로 변하게 된답니다. 주머니 손난로 안에 들어 있는 철판에는 아주 가는 홈이 있다고 해요. 그 홈 안에 있던 손난로 안 고체 상태의 물질이 철판을 딸깍 눌러서 밖으로 나오게 되면 응결핵으로 작용해서 그곳부터 시작해 고체로 변하게 된답니다. 꼭 응결핵이 아니어도 순간적으로 액체 상태에 있는 물질의 밀도를 어느 부분에서 급격히 크게 할 수 있다면, 그곳에서 응결 과정이 시작할 수도 있습니다. 철판을 누른다고 해서 앞에서 소개한 에너지 지형의 높은 산봉우리가 낮아지는 것은 아닙니다. 오른쪽 골짜기 B에서 왼쪽 골짜기 A로 빙 둘러 넘어가는 작은 샛길을 응결핵이 제공하는 것으로 이해할 수 있을 것 같아요.

## ● 에너지 지형으로 이해하는 교통 정체

물질의 상태가 변하는 현상은 아니지만, 주머니 손난로의 물리학으로 우리가 정성적으로 이해할 수 있는 다른 현상이 있습니다. 바로 교통 정체! 고속도로에 차가 상당히 많아도 어떨 때는 어느 정도 빠른 60~70km/h의 속력으로 정체 없는 교통 흐름이 지속될 수 있습니다. 이 때, 한 자동차의 운전자가 잠깐 브레이크에 발을 올리면 자동차의 브레이크 표시등이 들어오고, 바로 뒤를 따라오던 자동차 운전자는 깜짝 놀라서 더 급하게 브레이크를 밟을 수도 있겠죠? 그러면 이 부근에서 도로 위 자동차의 밀도가 잠깐 높아지게 됩니다. 약간 자동차의 밀도가 높아진 이곳은 마치 주머니 손난로의 응결핵처럼 작용하게 됩니다. 이곳에서부터 시작해서 액체가 고체로 변하듯이 교통 정체가 시작되는 것이죠.

교통 정체를 이론적으로 연구하는 물리학자들이 있어요. 저도 한때 연구했고요. 전체 고속도로 위 자동차의 밀도가 일정해도, 꽉 막힌 상태와 교통 흐름이 원활한 상태 양쪽 모두 안정적으로 지속할 수 있습니다. 아주 작은 충격만으로도 원활하던 도로에 교통 정체를 만들어 낼 수 있어서, 교통이 원활한 상태가 준안정 상태, 정체가 만들어진 상태가 안정 상태고요. 교통 정체가 아무런 외부 요인 없이 약간의 자발적인 교란만으로도 시작될 수 있는 이유예요.

이렇게 아무 이유 없이 만들어지는 교통 정체를 유령 정체라고 해요. 한번 교통 정체가 생기면, 자동차의 밀도가 많이 줄어들지 않는 한 정체가 풀리기는 어렵습니다. 마치 물에 넣고 끓여야 다시 액체 상태로 변하는 주머니 손난로처럼 말이죠. 어때요, 주머니 손난로만으로 꽤 많은 현상의 원리를 이해할 수 있었죠?

# 온도와 압력과 부피의
## 단순하고도 복잡한 관계

열팽창과
핸드 보일러

이번에 소개할 장난감은 핸드 보일러(hand boiler)입니다. 위아래에 각각 둥근 부분이 있고 둘 사이를 구불구불한 유리관으로 연결해 놓은 형태로, 유리 용기 안에는 액체 상태의 알코올이 담겨 있어요. 순수한 알코올 용액은 원래 색이 없지만 염료를 넣어 눈에 잘 띄게 색을 입혔습니다.

이 장난감을 가지고 어떤 재미난 현상을 볼 수 있을까요? 우리가 할 일은 액체가 모여 있는 아랫부분을 손바닥으로 감싸는 것뿐입니다. 그러면 액체가 관을 따라 위로 올라가고 윗부분에 모인 액체가 끓게 됩니다. 손으로 액체를 끓일 수 있

그림57 | 위아래에 각각 둥근 부분이 있고 둘 사이가 구불구불한 유리관으로 연결된 핸드 보일러. 손바닥으로 감싸면 액체가 위로 올라간다.

다니, 어떻게 가능할까요? 핸드 보일러는 물리학의 어떤 원리로 작동하는 것일까요?

---

**열팽창(thermal expansion)**
온도가 높아지면 물질을 구성하는 입자 사이의 평균 거리가 늘어나 부피가 팽창하는 현상. 한편, 부피를 일정하게 하고 온도를 올리면 압력이 증가한다.

---

## ◑ 압력과 끓는점은 나란히 움직인다

모든 물질은 원자나 분자 같은 입자로 이루어져 있습니다. 핸드 보일러 안 액체는 많은 알코올 분자로 이루어져 있고, 액체 표면 위 빈 공간에도 기체 상태의 분자가 많이 있습니다. 체온으로 인해 온도가 올라가면 기체 분자들의 운동이 더 활발해지고, 이런 분자들이 액체의 윗면에 더 빠르게 충돌해서 더 큰 압력이 작용하게 됩니다.

결국 손으로 감싼 핸드 보일러 아랫부분의 압력이 위쪽 둥근 부분의 압력보다 더 커지고, 따라서 액체는 압력이 높은 쪽에서 낮은 쪽으로 움직여 위로 올라가게 됩니다. 액체가 충분히 위로 이동하면 이제 기체 방울이 구불구불 유리관을 따라 위로 올라가고, 결국 윗부분에 고여 있는 액체가 마치 끓는 것처럼 보이게 됩니다. 친구에게 액체가 부글부글 끓고 있는 부분에 손을 대 보라고 시켜 보세요. 아마 손을 대길 주저할 것입니다. 그런데 막상 손을 대 보면 전혀 뜨겁지 않다는 점! 신기하죠?

압력이 일정하다면 온도가 오를수록 액체의 부피가 팽창합니다. 온도가 올라가면 분자들이 더 활발하게 더 빠른 속력으로 움직여서 결국 분자 사이의 평균 거리가 늘어나고, 전체 부피가 팽창하는 거죠. 주변에서 쉽게 볼 수 있는 알코올 온도계가 작동하는 원리가 바로 액체의 열팽창입니다. 온도가 높아지면 부피가 팽창해서 빨간색 알코올의 윗면이 온도계 눈금을 따라 더 높은 곳으로 옮겨 가고 이를 이용해 온도를 잴 수 있는 것이죠.

제가 가지고 있는 두 종류의 핸드 보일러 장난감 중에는 펜으로 쓸 수 있는 길쭉한 모양도 있습니다. 펜 모양 핸드 보일러 아래 액체가 담겨 있는 공간은 기체 없이 모두 액체로 가득 차 있는 것 같아요(분해해 보지는 않았습니다). 이 핸드 보일러 펜을 아래에서 손으로 감싸면 액체가 위로 올라가는데, 알코올 온도계와 마찬가지로 액체의 열팽창 때문이죠. 펜의 윗부분에 고인 액체가 끓는 것처럼 보이는 것은 마찬가지지만요.

액체가 기화하는 온도인 '끓는점'은 사실 압력에 따라 변합니다. 기압이 낮은 산꼭대기에서 밥을 하면 물이 100°C보다 낮은 온도에서 끓어서 밥이 설익지만, 압력밥솥을 이용하면(높은 압력으로 물의 끓는 온도가 100°C보다 더 높아지기 때문에) 짧은 시간에 푹 잘 익은 밥을 먹을 수 있죠. 1기압에서 에탄올의 끓는점은 80°C 정도지만, 압력을 낮추면 끓는점이 내려가서 더 낮은 온도에서 끓습니다. 펜 모양 핸드 보일러의 끝부분 내부 압력을 충분히 낮추면 체온만으로도 알코올을 끓일 수 있다는 뜻입니다.

## ● 핸드 보일러로 하는 증류 실험

핸드 보일러로 해 볼 수 있는 또 다른 실험이 있어요. 발효를 이용해 만든 막걸리나 맥주, 와인 등에는 보통 12~15% 정도의 알코올이 들어 있는 한편, 위스키나 보드카, 그리고 우리나라의 전통 소주의 알코올 함량은 거의 25% 이상이고 50%가 넘는 술도 많습니다. 이렇게 알코올 도수가 높은 술은 미리 만든 발효주(양조주)를 '증류'해서 만듭니다.

> **증류(distillation)**
> 끓는점이 다른 물질의 혼합 용액에서 끓는점의 차이를 이용해 두 액체를 분리하는 방법.

학교에서 에탄올의 끓는점을 측정하는 실험을 해 보았나요? 물과 에탄올을 섞은 용액을 천천히 가열하다 보면 끓는점이 낮은 에탄올이 먼저 끓기 시작합니다. 증류주를 만드는 과정도 비슷합니다. 우선 에탄올과 물, 두 액체의 끓는점의 중간 정도로 온도를 맞춥니다. 이때 에탄올은 기체로 변해(기화) 위로 이동하고 물은 계속 액체 상태를 유지하게 됩니다. 기체 상태의 알코올을 유리관을 이용해 다른 용기로 옮긴 뒤 용기의 온도를 낮추면, 물이 거의 함유되지 않은 알코올이 이곳에서 다시 액체가 되죠. 이런 과정을 거치면서 물에서 알코올을 분리해 내면 알코올 함량이 더 높은 증류주를 만들 수 있게 됩니다.

자, 이제 유리관으로 된 핸드 보일러로 증류 실험을 해 보겠습니다. 먼저 모든 액체가 아랫부분에 고이게 합니다. 그리고 액체가 반대쪽으로 관을 따라 이동하지 않게 조심하면서 핸드 보일러를 뒤집습니다. 다음에는 이렇게 뒤집은 핸드 보일러를 얼음물이 담긴 컵 안에 풍덩 담급니다. 그럼 무슨 일이 생길까요?

알코올 액체가 모여 있지 않아 우리 눈에 투명해 보이는 핸드 보일러 안의 빈 공간에도 사실 기체 상태의 알코올 분자가 많이 들어 있어요. 그림에서 온도가 높은 위쪽의 알코올 기체 분자의 일부는 유리관을 통해 아래 방향으로 확산됩니다. 얼음물 쪽으로 나온 알코올 기체 분자들은 이제 온도가 낮은 주변 환경에 놓이게 되죠. 그 온도가 끓는점보다 낮으니 기체 상태로 있지 못하고 일부가 다시 액체로 변하

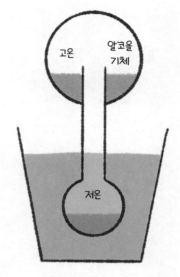

그림58 | 한쪽에 액체를 모은 뒤, 핸드 보일러를 뒤집어 다른 쪽을 얼음물에 넣었다.

게 됩니다. 눈치챘나요? 앞에서 설명한 증류 과정과 정확히 같아요. 물론 증류주를 만들 때와 고온부, 저온부의 위치가 뒤집혀 있다는 차이는 있지만요.

혼합 용액에 들어 있는 초록색 염료에는 어떤 일이 생길까요? 알코올 액체를 구성하는 일부 알코올 분자가 기화해도 이 염료 입자는 계속 알코올 용액 안에 머무릅니다. 따라서 앞에서 설명한 과정을 통해서 얼음물 쪽으로 이동하는 것은 염료 입자가 없는 순수한 알코올 분자뿐입니다. 온도가 낮은 얼음물 쪽에서 알코올 분자가 응결하므로 액화해서 고인 액체 부분에는 염료가 들어 있지 않게 되는 것이죠. 결국 얼음

그림59 | 증류 과정을 거친 아래쪽은 투명해지고, 위쪽은 색이 점점 진해진다.

물에 담겨 있는 쪽의 액체는 염료 입자가 없어 투명해 보이고, 온도가 높은 쪽의 액체는 점점 더 짙은 초록색을 띠게 됩니다. 왼쪽 사진처럼요. 증류 과정을 거치지 않은 위쪽 부분이 증류 과정을 거친 아래쪽 부분의 액체에 비해 훨씬 더 색이 짙은 것을 볼 수 있습니다.

아래쪽 액체가 완전히 투명해지지 않은 이유는 무엇일까요? 바로 제가 실험을 잘 못해서 그래요. 제가 물리학과를 졸업하고 대학원에서 전공을 택할 때 실험 물리학이 아닌 이론 물리학을 택한 이유죠. 제가 핸드 보일러를 뒤집어서 얼음물에 넣을 때 초록색 염료가 들어 있는 액체 일부가 아래로 흘러가서 그런 것일 뿐입니다. 세심하게 실험한다면 투명한 액체만을 아랫부분에서 볼 수 있을 겁니다.

조금 드물게는 이 장난감을 러브 미터(love meter)라고 부르기도 합니다. 마주 앉은 연인을 지그시 바라보면서 핸드 보일러를 손으로 감싸고 끓기까지의 시간을 측정하면 사랑의 강도를 알 수 있다는 이야기죠. 러브 미터로 사랑의 강도를 정밀하게 측정할 수는 없겠지만, 우리의 감정 상태와 체온 사이에는 정말로 관계가 있다는 연구 결과가 있다고 하네요. 사랑하는 사람을 마주 보며 포근하고 온화한 감정을 느낄 때 정말 체온도 조금 오를지 모릅니다. 우리 마음이 더 따뜻해지니까요. 아, 액체가 빨리 끓은 이유가 깊은 사랑 때문이 아니라 감기 때문일 수도 있으니 너무 결과를 믿진 말고요.

# 물에 젖으면
## 몸이 차가워지는 이유

기화열과
물 마시는 새

새가 목이 마
른가 봐요. 계속 고개를 까딱까
딱하며 부리를 물컵에 담그네요.
이번에는 '물 마시는 새(drinking
bird)'를 소개합니다.

앵그리 버드를 떠올리게 하는
빨간 얼굴과 뾰족한 부리, 그리
고 파란 모자. 머리와 유리관으
로 연결된 둥근 부분에는 빨간색

그림60 | 물 마시는 새. 다리 사
이에 연결된 막대를 회전축으로
해서 새의 머리가 까딱까딱 움
직인다.

액체가 담겨 있네요. 새의 몸 가운데 부분에는 가로로 축이 있고, 이 축이 양쪽 다리의 구멍에 연결되어 있습니다. 이 축을 회전축으로 해서 놀이터의 시소처럼 새의 머리가 아래위로 까딱까딱 움직이는 장난감입니다.

물 마시는 새는 1946년 미국의 마일스 V. 설리번이라는 사람이 처음으로 특허를 등록한 장난감입니다(지금은 특허권이 소멸되었어요). 내부를 살펴보니 꽤 복잡하지요?

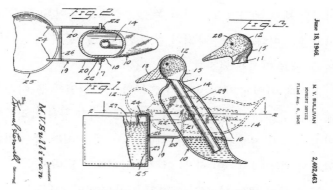

| 그림61 | 1946년 마일스 V. 설리번이 등록한 '물 마시는 새' 특허.

## ● 무거워진 고개를 숙였다가 들었다가

모자를 쓴 새의 머리 부분을 물이 담긴 컵 쪽으로 기울여 부리 끝을 물에 적십니다. 잠깐, 부리를 적신다고요? 사진으로 잘 보이지는 않지만 물 마시는 새의 부리는 머리와 같은 플라스틱 재질이 아닌 헝겊(펠트)으로 되어 있어요. 그래서 부리를 컵에 담그면 물을 빨아들이게 됩니다. 손을 치우면 새의 머리가 위로 올라와 새가 똑바로 다시 서게 되겠지요.

장난감 새가 머리를 까딱까딱 작은 진폭으로 움직이더니, 천천히 머리를 앞으로 조금씩 더 숙여요. 몸통 부분의 유리관도 자세히 보세요. 몸 아래쪽에 담겨 있던 액체가 새의 머리쪽을 향해 유리관을 따라 조금씩 위로 올라갑니다. 머리 쪽으로 충분히 많은 액체가 옮겨 가면 새의 머리 쪽이 무거워지게 되겠죠. 시소가 양쪽 중에 무거운 쪽으로 기우는 것처럼, 물 마시는 새도 무거워지는 머리 쪽으로 점점 기울어요. 점점 더 머리를 숙이다가 새의 부리가 컵에 담겨 있는 물에 다시 닿아서 또 물을 마시게 되지요.

그런데 이렇게 새의 머리가 충분히 숙여지면 몸통 아래쪽에 있는 유리관이 액체 밖 공기 중에 노출되고 곧은 유리관에 있던 액체가 아래로 흘러내립니다. 이제 새의 머리 쪽이 가벼워져서 새는 다시 똑바로 선 자세로 돌아오게 되어요.

물 마시는 새는 이 순서를 따라 머리를 까딱까딱하는 움직임을 반복합니다. 이 장난감에는 어떤 물리학의 원리가 담겨 있을까요? 처음에 부리를 물에 적시면 계속 작동하는 이 물마시는 새는 에너지 보존 법칙을 위배하는 영구 기관일까요?

---

**기화열(heat of vaporization)**
물질이 액체 상태에서 기체 상태로 변하는 것을 기화라 한다. 기화는 외부로부터 양(+)의 에너지가 공급되어 일어나는 흡열 과정이다.

## ● 기화하면 온도가 낮아지는 이유

물리학의 한 분야인 열역학은 거시적인 물리계가 가진 에너지, 엔트로피, 열, 온도, 압력, 부피와 같은 열역학적인 양들이 서로 어떤 관련을 맺는지 알려 줍니다. 열역학 제1법칙은 외부에서 전달되어 들어온 열과 일이 어떻게 물리계의 내부 에너지와 관계되는지를 알려주고, 열역학 제2법칙인 엔트로피 증가의 법칙은 열역학적인 변화의 방향을 알려 주죠.

거시적인 물리계는 수많은 분자로 구성되어 있어요. 미시적인 분자의 수준에서 출발해서 어떻게 열역학적인 물리량이 결정되는지에 관한 이론이 기체 분자 운동론입니다. 이 이론에 따르면 온도가 올라갈수록 분자들의 마구잡이 열운동이 더 활발해져요. 높은 온도에서는 분자들이 빠른 속력으로 마구 움직인다는 뜻입니다. 따라서 속력의 제곱에 비례하는 분자의 운동 에너지는 온도가 높아질수록 늘어납니다.

액체 상태에 있는 수많은 물 분자도 열운동을 하고 있어요. 기체 상태의 물 분자처럼 휙휙 빠른 속도로 날아다니는 것은 아니지만, 그래도 현재 위치의 주변에서 이리저리 움찔움찔 움직이고 있습니다. 온도가 올라가면 분자의 평균 운동 에너지는 커지지만, 모든 분자가 똑같은 속력으로 움직이는 것은 아닙니다. 빠르게 움직이다 다른 분자에 충돌해서 속력이 줄어들기도 하고, 느리게 움직이다가 빠른 분자와 충돌해 더 빨라지기도 해요. 분자들이 계속 좌충우돌을 이어가면 시간이 지나도 변하지 않는 평형 상태의 분자 속력 분포가 만들어져요. 낮은 온도에도 간혹 빠르게 움직이는 분자가 있고, 온도가 높아도 간혹 느리게 움직이는 분자가 있습니다. 하지만 온도가 올라가면 분자들의 평균 속력이 늘어나고, 빠른 속력으로 움직이는 분자의 숫자도 늘어나게 됩니다.

액체인 물 안에서 물 분자들은 저마다 다른 운동 에너지를 가지고 있습니다. 간혹 물 분자 중에 어쩌다 다른 친구들보다 더 빠르게 움직이는 분자가 액체 표면 근처에 오면 어떤 일이 생길까요? 빠른 속력을 가진 이 분자는 다른 분자가 잡아당기는 전기적인 인력을 이겨 낼 수 있게 됩니다. 결국, 액체 표면 위 공기 중으로 뛰쳐나가게 되는 것이죠. 중요한 것은, 물 표면에서 공기 중으로 뛰쳐나가는 분자들은 속도가 빠른 분자들이라는 것입니다. 이렇게 물이 액체 상태에서 기체 상태로 바뀌는 것을 기화라고 합니다.

속도가 어쩌다 빨라져서 액체인 물에서 공기 중으로 뛰쳐나가는 분자들이 점점 늘어나면, 결국 물속에는 속도가 느린 분자들이 남아 있게 됩니다. 물의 온도는 그 안에 있는 분자들의 평균 운동 에너지와 관계가 있으니, 결국 물 분자가 물 표면에서 공기 중으로 뛰쳐나가는 과정이 계속 이어지면 남아 있는 액체 상태의 물의 온도가 낮아지게 되는 것이죠. 같은 반 친구 중에서 키가 큰 친구들을 한 명씩 차례로 앞으로 나오라고 하면, 남아 있는 친구들의 키의 평균값은 조금씩 줄어드는 것과 같다고 생각할 수 있겠습니다. 이제 기화가 일어나면 왜 물의 온도가 낮아지는지 이해할 수 있겠죠?

# ⬤ 물 마시는 새의 두 가지 비밀

앞에서 손으로 액체를 끓게 만드는 핸드 보일러를 소개했던 것 기억하나요? 핸드 보일러 아랫부분의 둥근 부분을 손으로 감싸면 온도가 올라가서 압력이 늘어나고, 위아래의 압력 차이 때문에 그 안에 담긴 알코올이 위로 올라간다는 얘기를 했죠.

물 마시는 새 장난감도 원리가 같습니다. 부리를 적신 물(액체)속 물 분자는 열운동에 의해 조금씩 자연스럽게 기화(다른 말로 증발이라고도 해요)해서 수증기 상태로 공기 중으로 흩어지는데, 그러면 부리 부분의 온도가 낮아져요. 아랫부분의 온도는 그대로인데 윗부분의 온도가 낮아지니 위와 아래에 압력 차가 발생하겠죠? 결국 아랫부분에 있던 액체가 유리관을 따라 새의 머리 쪽을 향해 이동하게 됩니다. 핸드 보일러는 아래를 따뜻하게 해서 압력 차를 만들었고, 장난감 새는 기화로 위를 차갑게 해서 압력 차를 만들어 내는 것입니다.

물 마시는 새의 작동을 설명할 때 돌림힘의 작용도 빠뜨릴수 없습니다. 지렛대와 놀이터 시소가 작동할 때도 돌림힘이 중요하지요. 냉장고 문을 유심히 보면 냉장고 손잡이가 문의 회전축의 반대편에 있어요. 만약 손잡이가 회전축 바로 옆에 있다면 냉장고 문을 열기가 쉽지 않으리라는 것은 금방 상상할 수 있습니다. 냉장고 문뿐 아니라 손잡이를 몸쪽으로 당겨서 여는 모든 여닫이문이 마찬가지죠. 경첩이 붙어 있는 회전축에서 가능한 한 먼 곳에 손잡이가 있습니다. 문을 회전시키는 데 관여하는 돌림힘을 크게 하려고 해서 그래요.

돌림힘은 회전축으로부터 손잡이까지의 거리에 손잡이를 몸쪽으로 잡아당기는 힘을 곱한 양으로 정의합니다. 어른과 어린아이가 시소를 탈 때를 떠올려 보면 돌림힘의 원리를 쉽게 이해할 수 있어요. 어른과 아이가 어느 정도 균형을 맞춰 시소를 타려면 몸무게가 무거운 쪽이 시소의 회전축에 가깝게 앉으면 됩니다. 어른의 몸무게에 의한 돌림힘과 아이의 몸무게에 의한 돌림힘이 서로 비겨서 시소가 균형을 유지할 수 있거든요.

물 마시는 새가 고개를 숙이는 이유, 그리고 유리관에 담겨 있던 액체가 아래로 쏟아지면 고개를 드는 이유도 마찬가지로 돌림힘으로 이해할 수 있어요. 압력 차 때문에 머리 쪽으로 액체가 이동하면 머리 쪽의 중력이 강해져서 돌림힘이 커집니다. 그러면 새의 머리 쪽이 물컵 쪽으로 기울어져서 새의 부리가 컵 안에 담긴 물에 닿게 됩니다. 장난감 새의 몸통을 이루는 유리관은 아래쪽이 열려 있어요. 이 열린 부분을 통해서 아래쪽 붉은 액체가 유입되어서 위로 이동하는 것이니까요. 머리가 물컵 쪽으로 많이 기울게 되면 결국 유리관의 아래쪽 열린 부분이 액체의 표면 위에 놓이게 되고, 그럼 유리관에 있던 액체가 아래로 흘러내리게 됩니다. 이제 새의 머리쪽이 가벼워지겠죠? 그러면 아래쪽의 중력에 의한 돌림힘이 더 커져서 새가 고개를 들게 되는 것입니다.

한때 물 마시는 새는 영원히 움직이는 영구 기관으로 오해를 받기도 했습니다. 당연한 이야기지만 이 새도 물론 영구 기관이 아닙니다. 계속 새가 움직이다 보면 컵에 담긴 물이 점점 줄어들고 부리를 물에 적시지 못하게 됩니다. 그럼 누군가는 다시 물을 컵에 채워야 하겠죠? 당연히 사람이 이 일을 해야 장난감 새가 계속 작동하게 됩니다. 물 마시는 새 장난감도 에너지 보존 법칙을 위배하지 않네요.

# 온도 차로 만들어 내는
# 친환경 에너지

**열역학 법칙과
스털링 엔진**

자동차는 어떻게 움직일까요? 휘발유나 경유 등의 연료가 엔진 속에서 연소하면서 발생하는 에너지가 만들어 내는 움직임(피스톤-축)을 통해 바퀴가 회전하게 되면서 앞으로 나아가게 됩니다.

자동차 엔진처럼 열(heat)을 유용한 일(work)로 바꾸는 장치를 열기관이라고 해요. 영국에서 처음 시작한 산업 혁명에서도 열기관의 한 종류인 증기 기관이 큰 역할을 했죠. 사실 밥 먹고 움직여 일하는 우리 인간도 열기관이라고 할 수 있어요. 밥을 이루는 물질이 여러 생화학 반응을 거쳐 구성 요소로 나뉘는 과정에서 발생한 에너지를 역학적인 일로 바꿔 움직이는 것이니까요. 이렇게 보면 태풍도 열기관입니다. 온도가 높은 적도 지역의 바다가 머금고 있는 에너지를 위도가 높은 지역으로 태풍이 이동하며 바람의 운동 에너지로 변환하니 말이죠.

스털링 엔진(Stirling engine)은 1816년 로버트 스털링이 특허를 출원한 열기관입니다. 외부의 온도 차이를 이용해 작동해요. 엔진의 내부에서 연료를 연소하지 않아서 소음과 진동이 적은 기관입니다. 1818년 처음 만들어졌는데 엔진 출력이 그리 크지 않아 널리 사용되지는 않았습니다. 이후 출력이 많이 늘어났지만, 증기 기관 및 내연 기관(연료를 엔진의 내부에서 태우는 열기관)과의 경쟁에서 실패했습니다. 그런데 요즘은 스털링 엔진이 다시 주목받고 있어요. 어떤 방법으로라도 엔진의 양쪽에 온도 차이를 만든다면 작동 가능해, 탄소 배출을 줄일 수 있을 것으로 기대되고 있습니다. 태양광으로 고온부의 온

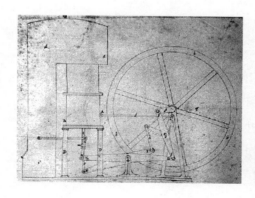

그림62 | 로버트 스털링이 1816년 제출한 특허 출원서의 엔진 그림.

| 그림63 | 두 종류의 스털링 엔진.

도를 높여 작동하는 스털링 엔진은 이미 일부 이용되고 있다고 합니다.

제 연구실에는 두 종류의 스털링 엔진 장난감이 있어요. 왼쪽은 뜨거운 물을 담은 컵 위에 올리면 작동하고, 오른쪽은 알코올램프에 불을 붙여 엔진의 한쪽에 대면 작동합니다. 오른쪽 엔진은 꽤 멋있죠? 인터넷에서 보고 너무 탐나서 비싼 값을 주고 샀던 기억이 납니다. 구입한 지 10년도 더 지나서 그런지 이제 잘 작동하지 않네요.

참고로 엔지니어에게는 딱 두 가지만 있으면 충분하다는 농담이 있어요. 움직이지 말아야 할 것이 움직일 때는 테이프, 그리고 움직여야 하는데 안 움직일 때는 윤활제. 이렇게 둘만 있으면 어떤 상황에도 대처할 수 있겠죠? 스털링 엔진에 윤활제라도 뿌려 봐야겠어요.

## ● 열역학 제1법칙과 제2법칙

스털링 엔진과 같은 열기관이 작동하는 근본 원리를 이해하려면 열역학에 관련된 지식이 필요합니다. 열역학 제1법칙은 에너지 보존 법칙입니다. 우리가 아무리 열기관을 잘 만들어도 열기관에 들어온 열에너지보다 더 큰 역학적 일을 만들어 내기란 불가능함을 열역학 제1법칙이 알려줍니다. 세상에 공짜는 없다는 이야기로 기억해도 됩니다. 예를 들어, 넣어 준 전기 에너지보다 더 큰 전기 에너지를 생산하는 장치를 누가 개발했다고 하면, 이 장치는 열역학 제1법칙에 위배되고 따라서 명백한 거짓입니다. 어떤 에너지 변환 장치도 100의 에너지를 넣어 101의 에너지를 생산할 수는 없습니다.

실제 자연에서 일어나는 열역학 과정 중에 어떤 것이 가능하고 어떤 것이 불가능한지를 열역학 제1법칙만으로 설명하기는 어렵습니다. 예를 들어, 뜨거운 물체와 차가운 물체를 연결하면 열이 뜨거운 쪽에서 차가운 쪽으로 전달되어서 뜨거운 물체의 온도는 내려가고 찬 물체의 온도는 올라간다는 것을 우리 모두 잘 알고 있어요. 하지만 거꾸로 차가운 물체에서 뜨거운 물체 쪽으로 열이 자발적으로 전달되는 것도 열역학 제1법칙에 위배되는 것은 아닙니다. 차가운 물체가 잃어버린 에너지를 뜨거운 물체가 고스란히 전달받는다면 전체의 에너지는 보존되니까요. 하지만 이렇게 차가운 물체에서 뜨거운 물체로 열이 저절로 전달되는 것은 우리가 단 한

번도 보지 못한 현상입니다. 이처럼 열역학 제1법칙을 만족하더라도 자연에서 일어나는 변화에는 분명한 방향이 있을 때가 많습니다. 이를 설명하는 것이 바로 열역학 제2법칙인 '엔트로피 증가의 법칙'입니다. 외부로부터 고립된 시스템 전체의 엔트로피는 시간이 지나면서 늘어날 뿐, 줄어들지 않는다는 이야기예요. 차가운 물체에서 뜨거운 물체로 열이 전달되는 것이 왜 엔트로피 증가의 법칙에 위배되는지는 물리 장난감 플러스에서 설명하겠습니다.

---

**열기관(heat engine)과 열효율(efficiency)**

처음 상태에서 출발해서 열역학적 과정을 이어 가 다시 처음 상태로 돌아오는 것을 순환 과정(cyclic process)이라 한다. 한 번의 순환 과정에서 열기관에 들어온 열을 $Q_1$, 열기관으로부터 외부로 나간 열을 $Q_2$라 하고, 이 순환 과정에서 열기관이 외부에 한 역학적 일을 $W$라 하자. 순환 과정으로 열기관은 처음과 같은 상태로 돌아오므로 열기관의 내부 에너지는 변화가 없어서, 열역학 제1법칙(에너지 보존 법칙)에 따라 $Q_1 - Q_2 = W$를 만족한다. 열기관의 열효율은 다음의 식으로 정의된다.

$$\eta = \frac{W}{Q_1}$$

---

### ● 순환하며 작동하는 스털링 엔진

이상적인 스털링 엔진은 아래의 순환 과정을 따라 작동하는 열기관입니다.

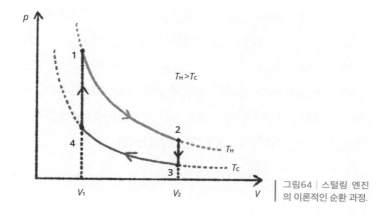

그림64 │ 스털링 엔진
의 이론적인 순환 과정.

1. 등온 팽창(1→2): 높은 온도 쪽에서 열을 공급받아 엔진
   안의 기체가 팽창하면서 피스톤을 위로 올린다.
2. 등적 냉각(2→3): 팽창한 기체가 낮은 온도 쪽에 도달해
   열을 방출하면서 온도가 내려간다.
3. 등온 압축(3→4): 낮은 온도를 일정하게 유지하면서 엔
   진 안의 기체가 압축되어 피스톤이 내려간다.
4. 등적 가열(4→1): 압축한 기체는 높은 온도 쪽에 도달해
   열을 유입받아 온도가 올라간다.

물리 장난감 플러스에서 열역학 제1법칙과 제2법칙을 이
용해서 자연이 허락한 열효율의 상한값을 계산해 봤습니다.
높고 낮은 온도가 각각 주어진 두 열원 사이에서 작동하는 열
기관은 절대로 자연이 정한 이 상한값보다 더 큰 열효율을 가
질 수 없습니다. 이 과정을 따라, 스털링 엔진이 이상적으로

작동해도 열기관의 이론적인 상한값보다 작은 열효율을 갖는다는 것을 보일 수 있어요. 현실에서 실제로 작동하는 스털링 엔진은 이론적인 값보다도 열효율이 낮습니다.

잘 작동하지 않던 스털링 엔진에 윤활제를 뿌리고 다시 작동시켜 봤어요. 이제 잘되는군요. 여러분도 집에 테이프와 윤활제만 있다면 해결하지 못할 일이 없답니다!

# 물리 장난감
# 플러스

### ● 온도가 낮은 쪽에서 높은 쪽으로
### 열이 전달되지 않는 이유

열역학적 엔트로피는 열이 유입되면 증가하고 유출되면 감소해요. 온도가 $T$인 시스템에 외부에서 열 $Q$가 들어오는 상황에서 엔트로피의 변화량을 $\Delta S = \frac{Q}{T}$의 수식으로 제안한 과학자가 바로 루돌프 클라우지우스입니다. 클라우지우스의 열역학적 엔트로피 공식을 이용하면 왜 온도가 낮은 쪽에서 높은 쪽으로 열이 전달될 수 없는지 설명할 수 있어요. 같이 계산해 보죠.

온도가 $T_A$, $T_B$인 두 물체 A와 B가 접촉한 상황을 생각해 보죠. $T_A > T_B$여서 A가 B보다 온도가 높다고 하고요. 만약 열 $Q(>0)$가 온도가 낮은 쪽(B)에서 높은 쪽(A)으로 저절로 전달되었다고 가정하면 어떻게 될까요? B에서는 열 $Q$가 유출된 것이어서 클라우지우스 엔트로피 변화량은 $\Delta S_B = -\frac{Q}{T_B}$로 적을 수 있어요. 한편 A의 엔트로피 변화량은 $\Delta S_A = \frac{Q}{T_A}$입니다. A에는 열이 들어온 것이니까요. A와 B 전체의 엔트로피 변화량 $\Delta S$는 따라서 $\Delta S = \Delta S_A + \Delta S_B = Q\left(\frac{1}{T_A} - \frac{1}{T_B}\right)$입니다. 그런데

$T_A > T_B$이므로 $\Delta S < 0$이죠. 즉, 온도가 낮은 쪽에서 높은 쪽으로 열이 전달된다면 이는 엔트로피 증가의 법칙인 열역학 제2법칙을 위배하는 것입니다. 따라서 열은 항상 온도가 높은 쪽에서 낮은 쪽으로 전달되지, 그 반대 방향으로는 전달될 수 없어요.

## ● 엔트로피 증가의 법칙과 열기관의 열효율

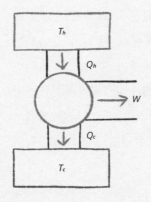

그림65 | 온도가 다른 두 열원 사이에서 작동하는 열기관.

그림65처럼 온도가 $T_h$인 높은 온도의 열원에서 $Q_h$의 열을 공급받고 온도가 $T_c$인 낮은 온도의 열원에 $Q_c$의 열을 방출하는 순환 과정에서 외부로 일 $W$를 수행하는 열기관을 생각해 보죠. 이 과정에서 높은 온도의 열원은 열을 방출하므로 엔트로피의 변화량은 $\Delta S_h = -\frac{Q_h}{T_h}$입니다. 마찬가지로 계산하면 낮은 온도의 열원의 엔트로피 변화량은 $\Delta S_c = \frac{Q_c}{T_c}$죠. 한편 순환 과정을 따라서 처음 상태로 돌아오는 열기관 자체의 엔트로피 변화량은 $\Delta S_e = 0$입니다. 나중과 처음이 같아서 당연히 엔트로피도 같아야 하니까요. 두 열원과 열기관을 모두 포함한 전체는 고립계이고 따라서 열역학 제2법칙인 엔트로피 증가

의 법칙을 만족해야 합니다. 따라서, $\Delta S = \Delta S_h + \Delta S_c + \Delta S_e \geq 0$이므로, $\Delta S = \frac{Q_c}{T_c} - \frac{Q_h}{T_h} \geq 0$입니다. 그리고 열역학 제1법칙인 에너지 보존 법칙에 따라 들어오고 나간 에너지를 모두 더하면 0이 되어야 하므로, $Q_h - Q_c = W$를 얻게 됩니다. 위에서 얻은 식 $\Delta S = \frac{Q_c}{T_c} - \frac{Q_h}{T_h}$ 에 $Q_c = Q_h - W$를 대입하면 아래의 식이 되죠.

$$Q_h \left( \frac{1}{T_c} - \frac{1}{T_h} \right) \geq \frac{W}{T_c}$$

앞에서 이야기한 열기관 열효율의 정의식에 따르면 $\eta = \frac{W}{Q_h}$ 라서, 결국 우리는 온도가 다른 두 열원 사이에서 작동하는 열기관의 열효율에 절대로 넘을 수 없는 이론적인 상한값이 있다는 결론을 얻게 됩니다. 바로 아래 식이죠.

$$\eta = \frac{W}{Q_h} \leq 1 - \frac{T_c}{T_h} = \eta_{\max}$$

세상에 존재하는 어떤 열기관도 열역학의 법칙에 따라서 자연이 부과한 이 상한값을 절대로 넘을 수 없습니다. 열역학 제1법칙은 넣어 준 에너지보다 더 큰 에너지를 만들어 내는 열기관이 불가능하다는 것을, 그리고 열역학 제2법칙은 열효율이 1인 열기관이 불가능하다는 것을 알려 줍니다. 아, 물론 $T_c = 0$이면 열효율이 1이 됩니다. 현실에서는 열기관에 연결된 저온 열원의 온도가 일상의 온도에 해당해요. 저온 열원의 온도를 절대 영도로 낮추려면 추가로 큰 에너지가 필요하니 결국 열효율이 1인 열기관이 불가능한 것이죠.

이 논의를 통해서 자연이 허락한 이론적으로 완벽한 열기관의 열효율은 $1-\frac{T_c}{T_h}$라는 것을 알 수 있어요. 그리고 이 완벽한 열기관의 경우, 순환 과정 중의 전체 엔트로피 변화량은 0이 됩니다. 이론적으로는 가능해요. 전체 순환 과정은 여러 부분의 열역학적 과정으로 이루어지는데, 각각의 부분 과정을 모두 하나같이 거꾸로 되짚어서 진행할 수 있도록 구성하면 됩니다. 이처럼 되짚어서 거꾸로 진행할 수 있는 과정을 가역 과정(reversible process)이라고 해요. 과학자 니콜라 레오나르 사디 카르노가 제안한 카르노 엔진이 바로 이렇게 등온 팽창, 단열 팽창, 등온 압축, 단열 압축의 네 가역 과정을 연결해서 순환 과정을 구성한 열기관입니다. 카르노 엔진의 열효율이 자연이 허락한 상한값 $1-\frac{T_c}{T_h}$과 같다는 것도 계산해서 보일 수 있답니다.

# 무거우면 떠오르는 이상한 세상

낟알계와
브라질너트 효과

작은 낟알로 이루어진 물질이 우리 주변에 정말 많습니다. 손가락으로 집을 수 있는 쌀알이나 콩알도, 하나하나 집어들 수 없는 고운 밀가루 역시 낟알이에요. 간편하게 커피를 마실 수 있는 믹스 커피 봉지 안에도 커피, 프림, 설탕 이렇게 서로 다른 세 종류의 낟알들이 함께 들어 있어요.

물리학에서 이야기하는 낟알계(granular system)의 낟알은 우리 눈으로 직접 볼 수 있을 정도의 크기입니다. 맨눈으로는 절대로 볼 수 없는 원자보다는 무척 커서, 낟알계를 설명하고 이해하기 위해 아주 작은 입자들을 다루는 양자 역학을 쓸 필요는 없어요. 신기한 현상을 많이 보여 주는 낟알계는 고전 역학을 따르는 물리계입니다.

## ● 기체, 액체, 고체와 비슷하면서도 다른 낟알계

온도가 올라가면 고체인 얼음이 녹아서 액체인 물이 되고, 온도를 더 올리면 물이 끓어서 기체인 수증기가 됩니다. 보통 우리는 이처럼 물질의 상태를 고체, 액체, 기체로 나눠요. 그렇다면 낟알계는 고체일까요, 액체일까요, 아니면 기체일까요?

모래알의 경우를 살펴봅시다. 사막에 부는 모래바람을 떠올리면 낟알계는 기체와 닮은 행동을 해요. 모래알이 모두 내려와 쌓인 더미에서, 모래알은 모래 더미의 경사면을 따라서 간혹 한꺼번에 많이 흘러내려요. 액체처럼 흘러내리지만 경사면 부근의 아주 얇은 층 안에서만 모래알이 움직이고 깊은 곳 모래알은 전혀 움직이지 않습니다. 흘러내리는 모래알은 액체를 닮았지만 액체와는 다르지요.

모래알이 쌓여서 이루어진 모래 더미가 놓인 책상 바닥을 톡톡 손가락으로 치면 모래 더미가 무너져 내려 경사가 완만해지는 것을 볼 수 있어요. 이렇게 살살 두드려 모양이 변하는 것을 보면 고체인 쇳덩이나 나무토막과는 또 분명히 다르군요. 게다가 모래알을 컵에 가득 담고 컵을 톡톡 치면 전체의 부피가 줄어드는 것도 보통의 고체와는 다른 점이죠. 모래 더미는 고체를 닮았지만 고체와는 다르다는 이야기입니다.

이처럼 낱알계는 기체, 액체, 고체와 비슷하면서도 다른 기묘한 물질이라고 할 수 있습니다. 1990년대에는 제가 몸담고 있는 통계 물리학 분야에서도 낱알계를 깊이 연구하는 물리학자가 많았어요. 정말 재밌고 신기한 현상을 많이 볼 수 있기 때문이었죠.

## ● 브라질너트 효과

낱알계가 보여 주는 현상 중 정말 신기한 것이 있어요. 견과류 간식을 먹으려고 뚜껑을 열면 다른 땅콩들보다 큰 브라질너트가 위에 있는 모습을 자주 볼 수 있다고 해요. 이처럼 크기가 다른 낱알들을 용기에 넣고 여러 번 흔들면 낱알 중 크기가 큰 것이 위로 떠오르는 현상을 브라질너트 효과(Brazil nut effect)라고 부른답니다.

저도 한번 해 봤어요. 빈 플라스틱 병 안에 몇 가지 곡물을 넣고 흔들어 보았습니다. 브라질너트 효과로 말미암아 쌀알들을 헤집고 조금씩 조금씩 크기가 큰 검은색의 콩알들이 위로 올라오는 것을 볼 수 있었어요. 눈 감고 흔들기만 했는데 이렇게 낱알들이 크기 순서로 나뉘다니, 신기하죠?

그림66 | 브라질너트 효과. 흑보리와 병아리 콩과 리마콩을 한데 넣고 용기를 흔드니 큰 콩알들이 위로 떠올랐다.

## ● 물리계의 평형 상태를 결정하는 에너지와 엔트로피 효과

브라질너트 효과를 자세히 살펴보기 전에 먼저 통계 물리학 이야기를 좀 해볼게요. 통계 물리학에서는 물질이 어떤 평형 상태에 있는지가 에너지와 엔트로피의 경쟁으로 결정된다고 설명합니다. 수식으로 기술할 수도 있어요. 에너지를 $E$, 엔트로피를 $S$, 절대 온도를 $T$라고 하면, $F=E-T\cdot S$의 값이 최소가 되는 상태가 물질의 평형 상태가 됩니다. 이때 이 양 $F$를 헬름홀츠 자유 에너지(Helmholtz free energy)라고 해요. 온도가 아주 낮아서 절대 영도에 가까워지면 어떤 일이 생길까요? $F=E-T\cdot S$의 수식에 $T=0$을 넣으면 $F=E$가 되는군요. 즉, 절대 영도에 가까운 아주 낮은 온도에서는 물질이 어떤 상태에 있을지를 결정할 때 엔트로피는 아무런 역할을 하지 못하고, 물질의 평형 상태는 가장 에너지가 낮은 바닥 상태가 됩니다.

다음으로는 거꾸로 온도가 아주 높은 경우를 생각해 볼까요? $F=E-T\cdot S$의 수식에서 $T$의 값이 아주 커지면 식의 첫 번째 항($E$)보다 두번째 항($T\cdot S$)이 훨씬 더 중요해지겠죠? 따라서 $F\approx-T\cdot S$로 어림해 적을 수 있습니다. 따라서 엔트로피가 최대가 되는 상태는 바로 $F$가 최소인 평형 상태가 됩니다. 즉, 아주 높은 온도에서 물질은 엔트로피가 가장 큰 상태에 있게 됩니다.

아주 낮은 온도에서는 에너지가 가장 낮은 상태에 물질이 있게 되고, 아주 높은 온도에서는 엔트로피가 가장 큰 상태에 물질이 있게 된다는 것을 설명해 봤어요. 온도가 낮아지면 액체인 물이 고체인 얼음이 되는 것도 낮은 온도에서 물리계가 낮은 에너지를 선호하기 때문입니다. 물 분자들이 규칙적으로 나열해서 결정 구조를 만드는 것은, 액체 상태일 때보다 고체 상태일 때 에너지가 낮아서랍니다.

한편 온도가 높아지면 물리계는 엔트로피가 가장 큰 상태에 있게 됩니다. 모든 물 분자가 컵 안에 모여 있는 액체 상태일 때보다 방 전체 아무 곳에나 물 분자가 있을 수 있는 기체 상태일 때 엔트로피가 훨씬 크므로, 분자들이 오밀조밀 가깝게 모여 있던 물이 높은 온도에서는 수증기로 변해 방 전체로 퍼져 나가는 것이죠. 이처럼 에너지와 엔트로피를 이용해서 온도를 올리면 왜 얼음이 물이 되고 물이 끓어 수증기가 되는지 설명할 수 있습니다.

## ● 낟알계의 온도와 엔트로피 효과

액체인 물이 기체인 수증기가 되는 과정에서 물 분자들은 이리저리로 마구 움직이면서 섞이고, 이때 엔트로피가 늘어납니다. 컵에 물을 담고 잉크 방울을 떨어뜨리면 시간이 지나면서 잉크 방울을 구성하는 입자들이 고르게 물 전체로 퍼져 가는 것도 엔트로피 증가의 법칙으로 설명할 수 있죠. 우리 일상의 이런 현상에 견주어서 엔트로피 증가의 법칙을 "저어서 가를 수 없다"로 재밌게 표현하기도 해요.

앞에서 이야기한 브라질너트 효과를 다시 생각해 보죠. 마구 흔들었는데 고르게 섞이지 않고 위아래로 갈라져서 나뉘는 브라질너트 효과가 엔트로피 증가의 법칙에 위배되는 것처럼 보이지 않나요? 저었는데 저절로 갈라진 셈이니까요. 그냥 눈 감고 흔들기만 했는데 크고 작은 낟알들이 위아래로 저절로 나뉘는 것은 엔트로피가 오히려 줄어드는 과정이랍니다. 그렇다면, 브라질너트 효과가 엔트로피 증가 법칙의 반례이므로 엔트로피 증가의 법칙이 잘못이라는 이야기일까요? 그렇지 않습니다. 좀 더 자세히 설명해 볼게요.

통계 역학은 분자들의 평균 운동 에너지가 계의 온도와 밀접한 관계가 있다는 것을 알려 줍니다. 온도가 정확히 절대 영도가 아니라면, 분자들은 조금씩이라도 마구잡이로 움직이고 있어요. 물리 장난감 플러스에서 어림한 계산으로 보인 것처럼 낟알계를 이루는 낟알들은 거시적인 크기여서 실온

정도의 온도에서는 열운동을 거의 하지 않아요. 여름날의 기온이 우리에게는 아주 높은 온도로 느껴져도 낟알계는 이 온도를 절대 영도처럼 느낍니다. 이렇듯 낟알계의 열운동을 완전히 무시할 수 있어서 낟알계를 이해하고자 할 때 통계 역학의 온도는 아무런 역할을 하지 않습니다. 가만히 두면 낟알계는 절대 영도에 있는 것처럼 꽁꽁 얼어붙어서 아무런 변화를 보이지 않는답니다.

낟알계가 절대 영도에 있는 셈이라는 것을 이용해서 브라질너트 효과와 엔트로피 증가 법칙의 관계를 생각해 볼 수 있습니다. 수식 $F=E-T \cdot S$에 $T=0$을 넣으면 $F=E$가 되죠. 절대 영도에 가까운 아주 낮은 온도에서는 물질이 어떤 상태에 있을지를 결정할 때 엔트로피가 아무런 역할을 하지 못하게 된다는 이야기 기억하죠? 결국, 낟알계의 상태가 바뀌는 것이 엔트로피 증가의 법칙을 따를 이유가 없다는 결론을 얻게 됩니다. 흔들기만 했는데 낟알들이 크기에 따라 나뉘는 브라질너트 효과는 언뜻 생각하면 엔트로피 증가의 법칙을 위배하는 것처럼 보이지만, 낟알계의 온도가 절대 영도인 셈이어서 엔트로피가 증가하는 방향으로 낟알계의 상태가 변할 이유가 없는 것이죠. 결국 브라질너트 효과는 엔트로피 증가 법칙과 모순되는 것이 아니랍니다.

온도가 아주 낮다고 할 수 있는 낟알계의 상태를 결정하는 것은 결국 엔트로피가 아니라 에너지입니다. $F=E$니까요. 낟알계는 가능한 가장 낮은 에너지를 가진 상태에 있고 싶어 해요. 경사면을 따라 모래알이 아래로 흘러내리는 이유죠. 중력에 의한 퍼텐셜 에너지를 생각하면 가운데 산봉우리를 이루며 쌓인 모래 더미보다 바닥에 얕게 펼쳐진 모래알들의 에너지가 더 낮아요.

그런데도 산 모양의 모래 더미 상태를 유지하는 이유는 무엇일까요? 이것도 낱알계의 온도가 절대 영도와 다름없다는 것으로 설명할 수 있어요. 낱알들이 산 모양이 아니라 바닥에 고르게 넓게 펼쳐져 있을 때가 에너지가 가장 낮은 바닥 상태인 것은 맞습니다. 그런데 산 모양을 이룬 낱알들이 넓게 펼쳐진 바닥 상태로 저절로 갈 수는 없어요. 두 상태 사이에는 에너지가 높은 봉우리가 있는 셈이거든요. 온도가 절대 영도가 아니라면 낮은 에너지 봉우리는 물질이 열운동을 통해서 넘어갈 수 있지만 낱알계는 다릅니다. 낱알계의 온도가 절대 영도와 다름이 없으므로, 낱알계는 야트막한 에너지 골짜기 안에 갇히면 바로 옆 봉우리 너머 에너지 바닥 상태가 있어도 저절로 그곳에 갈 수가 없게 됩니다. 결국 낱알계는 에너지가 다른 여러 상태에 있을 수 있어요. 모래 더미의 경사는 여러 값이 가능하다는 이야기죠. 물론, 우리가 밖에서 낱알계를 담은 용기를 흔들거나 하면서 에너지를 공급하면 다른 상태로 가게 할 수 있지만요.

## ● 브라질너트 효과와 부력

　브라질너트 효과는 최근까지도 연구가 진행되고 있습니다. 브라질너트 효과에서는 작은 낱알들을 배경으로 큰 낱알이 떠오르는데, 작은 낱알을 배경으로 큰 낱알이 아래로 가라앉는 역 브라질너트 효과(reverse brazil nut effect)라는 것도 있어요. 이 두 가지를 어떻게 설명할 수 있을까요?

그림67 ㅣ 브라질너트 효과(위)와 역 브라질너트 효과(아래).

시간

　물속에 있는 물체가 물보다 밀도가 작으면 떠오르고 크면 가라앉습니다. 부력의 효과죠. 브라질너트 효과에서 배경을 이루는 작은 낱알(A)을 물로, 큰 낱알(B)을 물속에 든 물체로 생각해 볼 수 있어요. 큰 낱알 위에 있던 여러 작은 낱알은 우리가 용기를 위아래로 흔들면 큰 낱알의 옆면을 따라서 아래로 흘러내리겠죠? 물속의 공기 방울도 비슷합니다. 공기 방울 위쪽에 있는 물이 아래로 이동하는 과정이 이어지면서 공기 방울이 위로 움직인다고 할 수 있으니까요.

이처럼 작은 낟알들이 액체를 이루는 분자들처럼 쉽게 움직이는 경우, 큰 낟알이 조금씩 떠오르는 브라질너트 효과를 액체의 부력에 견주어 설명할 수 있습니다. 낟알계가 담긴 용기를 위아래로 아주 빠르게 계속 흔들어서 작은 낟알들이 계속 움직이고 있는 상황과 비슷하거든요. 이때 물속에 잠긴 물체에 해당하는 큰 낟알들은 어떤 방향으로 움직일까요? 큰 낟알의 밀도가 크면 아래로 가라앉고 밀도가 작으면 떠오르겠죠? B 낟알의 밀도를 바꿔가면서 낟알계를 흔들면, B의 밀도가 작을 때는 브라질너트 효과를, 밀도가 클 때는 역 브라질너트 효과를 만들어 낼 수 있다고 하는군요.

## ● 브라질너트 효과와 대류

부력에 견주어 브라질너트 효과를 설명하는 방식에 따르면, B 낟알이 무거울 때 가라앉고 가벼울 때 떠오르겠죠. 그런데 실험해 보면 항상 그런 것은 아니라고 합니다. 낟알계를 위아래로 흔드는 진동수가 그리 크지 않을 때 결과가 달라진다고 하는군요. 이때 부력의 효과보다 더 중요한 역할을 하는 것이 작은 낟알들의 대류 현상과 큰 낟알의 관성입니다.

용기를 위아래로 흔들면 용기의 벽에 가까운 쪽보다 용기의 가운데 부분의 작은 낟알들이 더 쉽게 움직입니다. 용기벽에 가까운 작은 낟알들은 벽과의 마찰력 때문에 잘 움직이지 못하니까요. 결국 작은 낟알들의 움직임을 추적하면 마치 바닥이 뜨거운 냄비 안에 담긴 물처럼 대류 현상을 보여 주게 됩니다. 용기의 가운데 부분에서는 작은 낟알들이 위로 솟아오르고, 윗면에 도착하면 옆으로 이동한 다음에는 용기의 옆면을 따라서 아래로 내려오는 것이죠.

이렇게 대류하는 작은 낟알들(A)을 배경으로 해서 그 안에 놓인 큰 낟알(B) 하나는 어떻게 움직일까요? 당연히 작은 낟알들의 움직임을 따라서 용기의 가운데 부분에서는 떠오르게 됩니다. 그러고는 A 낟알들의 윗면을 따라서 용기의 벽쪽으로 평행하게 이동해요. 하지만 B 낟알은 크기가 커서 용기의 벽을 따라 A 낟알과 함께 아래로 내려오기는 어렵죠. 결국 많은 B 낟알들이 위로 떠오르는 브라질너트 효과를 만들어 내게 됩니다.

부력이 아닌 대류를 이용했을 때 역 브라질너트 효과가 만들어지기는 쉽지 않습니다. 대류를 통해서 브라질너트 효과를 설명할 때 생각해야 할 다른 요인이 바로 B 낟알의 관성입니다. 관성이 큰 B 낟알의 위 방향으로의 움직임은 A 낟알들이 잘 막지 못해요. 결국 더 무거운 B 낟알이 더 빨리 위로 솟아오른다는 것을 실험으로 확인한 연구도 있습니다.

즉, 낟알의 모양에 따라서 그리고 용기의 크기와 모양에 따라서 결과는 달라집니다. 용기를 흔드는 진동수와 진폭도 결과를 바꾸고요. 브라질너트 효과를 만들어 내는 요인인 부력, 대류, 그리고 관성은 따로 작용하는 것이 아니라 한데 결합해서 실로 다양한 결과를 보여 주는 것입니다.

# 물리 장난감
플러스

## ● 기체계와 낱알계의 온도

아주 작은 분자들로 이루어진 기체계의 경우, 분자 사이의
거리가 멀어서 분자 사이의 퍼텐셜 에너지는 그리 중요한 역
할을 하지 않습니다. 한편 분자들의 운동 에너지는 무척 중요
하죠. 절대 온도 $T$에 해당하는 에너지의 스케일인 열에너지
는 볼츠만 상수 $k_B$에 온도 $T$를 곱한 $k_BT$입니다. 따라서 절대
온도 $T$인 주변 환경과 열평형 상태에 있는 기체계의 기체 분
자 하나의 운동 에너지는 $K=\frac{1}{2}mv^2 \sim k_BT$를 만족해요. (물리
학에서 물결 표시는 식의 왼쪽과 오른쪽이 몇 배 정도의 차이는 있을 수
있지만 대충 비슷한 크기라는 것을 뜻합니다. 식의 좌변과 우변에 있는
값들의 스케일이 비슷하다는 뜻이죠.)

우리가 일상을 살아가는 약 300K(켈빈) 정도의 온도(실온)
를 가정하고 계산해 보면 공기 중의 산소 분자는 실온에서 무
려 1초에 수백 미터를 마구잡이로 움직이고 있답니다. 가벼
운 기체 분자 하나의 입장에서 실온은 아주 높은 온도에 해당
하는 셈이죠.

다음에는 낱알계의 온도에 대해 생각해 보죠. 기체계와 낱

알계는 분명히 다릅니다. 낟알계의 입자 하나는 거시적인 크기여서 기체 분자에 비하면 질량도, 부피도 아주 크기 때문이죠. 주변 환경으로부터 열에너지가 전달되면 낟알계의 낟알 하나의 상태는 어떤 방식으로 변할까요? 낟알 하나가 움직이는 거리는 낟알의 지름 $d$ 정도이니, 위아래의 움직임으로 열에너지가 변환된다면 $k_BT \sim mgd$를 만족하게 됩니다. 밀가루 입자의 크기를 $10\mu m$(마이크로미터)정도로, 밀가루의 밀도를 $1g/cm^3$로 어림해 계산해 봤어요. 무려 온도가 1,000만°C 정도가 되어야 열에너지에 의해서 낟알 하나가 위아래 방향으로 움직이는 위치 변화가 만들어질 수 있다는 결과를 얻게 되더군요.

낟알의 크기가 밀가루보다 훨씬 더 큰 모래알 하나는 질량이 0.001g 정도라고 해요. 실온인 300K에서 주변 환경에서 전달된 열에너지로 모래알 하나가 위아래로 움직일 수 있는 거리를 어림해 계산해 보면 $10^{-15}m$ 정도가 되는군요. 또, 열에너지가 모래알의 운동 에너지로 모두 변환되었다고 가정하면 모래알 하나의 속도는 $10^{-7}m/s$ 정도입니다. 결국, 낟알 하나의 입장에서 실온은 아주 낮은 온도여서 절대 영도와 다를 것이 없는 셈입니다. 따라서, 낟알계를 이해할 때는 주변 환경의 온도의 영향을 모두 무시할 수 있는 것이죠.

# PART 3

## 보고 듣고 느끼는 물리 장난감

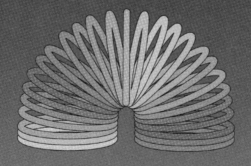

# 빛은 가장 빠른 길을
# 알고 있다

최소 시간의 원리와
개구리 알

　　　　　진짜 개구리 알은 아니지만, '개구리 알'
이라고 검색하면 나오는 장난감이 있습니다. 오르비즈 또는
워터비즈라고도 불리는 개구리 알 장난감은 작은 플라스틱
구슬처럼 생겼습니다. 물을 만나면 자기 무게의 수백 배에 해
당하는 수분을 흡수할 수 있는 고분자 물질 흡수성 수지(super
absorbent polymer)를 함유하고 있어서 이 구슬을 물에 담가 놓
고 몇 시간 뒤에 보면 구슬이 물을 듬뿍 머금어서 크기가 커
져 있습니다. 어린이들의 촉감 놀이 용도로 자주 쓰여요.

| 그림68 | 개구리 알 장난감.

    이렇게 물을 많이 머금고 있는 장난감 개구리 알 여럿을 투명한 물컵에 넣어 보세요. 어, 물을 따르면 구슬이 안 보여서 전체 물컵이 그냥 물만 담고 있는 것처럼 보입니다. 컵에 담긴 물을 비우면 동글동글하게 부피가 늘어난 개구리 알이 눈에 잘 보이구요.

| 그림69 | 시간이 지나면서 개구리 알이 들어 있는 물컵이 점점 투명해진다.

    위 사진은 물이 담긴 투명한 컵에 개구리 알을 넣은 후 시간차를 두고 촬영한 것입니다. 개구리 알이 시간이 지나면서 점점 투명해지는 것을 볼 수 있어요. 물을 가득 머금은 개구리 알 장난감은 물속에서는 보이지 않지만 공기 중에서는 눈

에 보입니다. 왜 이런 일
이 생길까요? 그 비밀은
바로 물리학의 굴절률입
니다.

입사한 빛은 거울 면에
서 같은 각도로 반사해서
진행하게 됩니다. 오른쪽
사진처럼 말이죠. 제가

| 그림70 | 거울 면에서의 빛의 반사.

가지고 있는 광학 실험 기구를 사용해 직접 촬영했습니다. 보
통의 레이저 포인터에서 나오는 빛은 작은 동그라미 모양이
죠? 제가 가진 레이저는 책상 위의 표면에도 길게 밝은 빛이
보이는 장치죠. 이렇게 레이저 빛이 펼쳐져서 나오는 장치를
쓰면 빛의 경로가 사진처럼 잘 보입니다.

이번에는 빛에 관한 이야기를 해 보려고 해요. 빛이 가진
재밌는 성질 중 반사와 굴절이 주요 내용입니다.

---

**반사의 법칙(law of reflection)과 굴절의 법칙(law of refraction)**
거울에서 반사한 빛에 대해서 입사각과 반사각이 같다는 것이 반사의 법칙
이다. 굴절의 법칙은 굴절률이 $n_1$인 매질에서 굴절률이 $n_2$인 매질로 빛이
입사하면 입사각 $\theta_1$과 굴절각 $\theta_2$사이에 $\frac{\sin\theta_1}{\sin\theta_2} = \frac{n_2}{n_1}$의 관계가 성립한다는 것
이다. 스넬의 법칙(Snell's law)이라고도 한다.

---

## ● 페르마의 원리로 증명하는 반사의 법칙

물리학에서 유명한 페르마의 원리(Fermat's principle)는 "두 점 사이를 지나는 빛은 여러 경로 중 가장 짧은 시간이 걸리는 경로를 따라 진행한다"라는 것입니다. 왜 빛이 가장 짧은 시간이 걸리는 경로를 택하는지는 물리학을 좀 더 깊이 배우면 이해할 수 있으니 지금은 넘어가자고요. 어떤 경로 S가 있고, 이 경로로부터 살짝 옆으로 빗나간 경로를 택해도 빛이 진행한 시간이 거의 차이가 없는 경로 S를 찾으면 그게 바로 우리가 눈으로 보는 빛이 진행하는 경로가 됩니다. 여기에서는 현대 물리학이 만들어지기 한참 전에 이미 알려진 페르마의 최소 시간의 원리를 일단 받아들이고, 이를 이용해서 반사의 법칙과 굴절의 법칙을 설명해 보려고 합니다.

우리가 페르마의 최소 시간의 원리를 이용해 찾고 싶은 것은 A에서 출발한 빛이 거울면에서 반사해서 B에 도달하는 경로입니다. 이 경로를 구할 때는 거울 면에 대해서 B와 정확히 반대의 위치에 있는 점 B′을 생각하면 편리합니다. 물론 거울 안에 B′라는 점은 없어요. 하지만 B′을 상상하면 반사의 법칙을 이해하는 것이 무척 편리합니다.

그림에서 빛은 A에서 X로 그리고 X에서 B로 진행합니다. 그런데 선분 XB와 선분 XB′의 길이는 당연히 같아서, 우리가 유도해 낼 경로 AXB의 길이는 AXB′의 길이와 같죠. 그리고 빛의 속도는 그림 어디에서나 동일하니까, 거리는 시간에 비

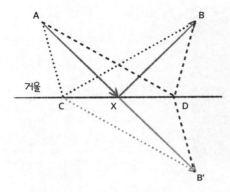

그림71 │ 빛이 A에서 B로 반사
하는 경로(파란색 화살표)와 페
르마의 최소 시간의 원리.

례해요. 빛의 반사의 경우, 페르마의 최소 시간의 원리는 최
단 거리의 원리라고 부를 수 있는 것이죠. 결국 우리가 할 일
은 X를 변화시키면서 세 점을 잇는 AXB의 길이가 가장 짧은
경로가 되도록 하는 것이에요.

그림71을 봅시다. 만약 빛이 X가 아니라 C에서 반사된다
면 전체 경로의 길이 ACB(=ACB′)는 그림에서 보듯이 AX-
B(=AXB′)보다 길어집니다. 빛이 C가 아니라 X에서 반사될
때가 경로의 길이가 더 짧다는 뜻입니다. 따라서 페르마의 최
소 시간의 원리에 따르면 빛은 C에서 반사될 수 없어요. 마찬
가지로 생각하면 D에서 빛이 반사되는 경로도 AXB보다 길
어서 D에서도 빛이 반사될 수 없습니다. 결국 빛은 A에서 B′
을 잇는 곧은 직선이 거울과 만나는 점 X에서 반사해야 해요.
그림을 보면 각 ∠AXC는 ∠DXB′과 같아요. 서로 마주 보고
있으니까요. 그리고 B′은 거울 면에 대해서 B와 정확히 반대
의 위치에 있으니까 ∠DXB′=∠BXD도 성립합니다. 결국 우

그림72 | 거울 면에서 빛의 입사각과 반사각 정의.

리는 페르마의 최소 시간의 원리를 이용해서 $\angle AXC = \angle BXD$를 명확히 보인 것이죠.

빛의 반사에서는 빛의 입사각($\theta_i$)과 반사각($\theta_r$)을 $\angle AXC$와 $\angle BXD$처럼 거울 면을 기준으로 재지 않고 거울 면에 수직인 방향을 기준으로 정의합니다. 그림72처럼 말이죠. 우리는 페르마의 최소 시간의 원리로 입사각과 반사각이 같다($\theta_i = \theta_r$)는 반사의 법칙을 증명했습니다.

## ● 달에 두고 온 거울

지구에서 달까지의 거리를 정확히 측정하는 것은 오랜 기간 무척 어려운 일이었어요. 하지만 요즘은 아주 정확하게 지구와 달 사이의 거리를 측정합니다. 사실 아주 간단한 방법입니다. 달에 거울을 두고 오면 됩니다! 그리고는 지구에서 달로 레이저 빛을 발사하는 거죠. 이 레이저 빛은 달에 있는 거울에서 반사되어 지구로 돌아와요. 레이저 빛이 왕복하는 시간을 재면 우리가 잘 알고 있는 빛의 속도를 그 값에 곱해서 지구와 달 사이의 거리를 측정할 수 있죠. 그럴 듯하죠?

그런데 조금만 더 생각하면 고개를 갸웃하게 됩니다. 지구에서 발사한 빛이 달에서 반사한 다음에 정확히 같은 위치로 돌아와야 하거든요. 지구와 달 사이의 거리가 워낙 머니까, 달에 두고 온 거울의 각도가 약간만 틀어져도 반사한 빛은 엉뚱한 곳으로 돌아오겠죠? 이 문제를 해결하는 재밌는 방법이 있어요. 거울 세 개를 육면체의 한 모서리처럼 정확히 90°의 각도가 되도록 연결한 다음에, 이 장치를 달에 그냥 툭 떨어뜨려 놓고 오면 됩니다. 이렇게 하면, 빛이 어떤 방향에서 입사하더라도 거울 면에서 세 번 반사해서 되돌아갈 때 정확히 평행한 방향으로 빛이 돌아오게 된답니다. 장치의 방향을 아주 정교하게 조정할 필요가 없다는 큰 장점이 있죠.

이렇게 빛이 되돌아오는 장치를 역반사체(retroreflector)라고 하고, 거울 세 개를 육면체 모서리처럼 연결한 것은 모서리 역반사체(corner retroreflector)라고 부릅니다. 원리는 이처럼 간단하지만, 실제 장치는 상당한 노력을 기울여서 정교하게 만든다고 하는군요. 그림73은 아폴로 11호가 달에 두고 온 역반사체 모습입니다.

그림73 | 아폴로 11호가 달에 두고 온 레이저 반사용 역반사체.

## ● 페르마의 원리로 증명하는 굴절의 법칙

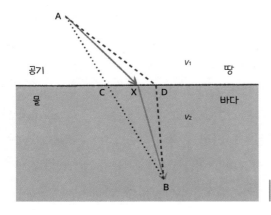

그림74 | 빛이 A에서 B로 굴절하는 경로.

　자, 이제 페르마의 최소 시간 원리를 이용해서 굴절의 법칙을 설명할 차례입니다. 위 그림을 보세요. 공기 중의 A에서 물로 입사한 빛은 B에 도달합니다. 그림에서 빛이 진행하는 경로 AXB를 페르마의 최소 시간의 원리를 이용해서 구해 보려고 해요.

　사실 이 문제를 풀기 위해서 반드시 빛을 생각할 필요는 없어요. 바다에서 헤엄치던 사람이 위급해지면 해변에 있는 구조 요원이 그 사람을 구하려 빨리 다가갑니다. 구조 요원도 당연히 가장 시간이 짧게 걸리는 경로를 택해서 물에 빠진 사람에게 접근해야 하겠죠? 구조 요원은 땅에서는 빠르게 달려가고 물에서는 이보다 느린 속도로 헤엄칩니다. 그림에서 A에서 B를 향해 직선 방향으로 움직이는 경로 ACB와 경로

AXB를 비교하면, ACB가 그리 좋은 선택이 아닌 것을 금방 알 수 있어요. 물속에서 헤엄치는 거리 CB가 XB보다 더 길어서 B에 도달하기까지 더 오랜 시간이 걸리기 때문이죠. 그렇다고 해서 경로 ADB처럼 헤엄치는 거리를 확 줄이는 것도 문제죠. 땅 위에서 달려야 하는 거리가 또 너무 길 수 있거든요.

해변에서 달리는 속도 $v_1$과 물에서 헤엄치는 속도 $v_2$가 주어지면 이 구조 요원이 어떤 경로로 움직여야 가장 시간이 짧게 걸리는지 계산할 수 있어요. 물리 장난감 플러스에서 자세한 계산을 소개했습니다. 해수욕장의 구조 요원이나 서로 다른 매질을 통과하는 빛이나 입사각과 굴절각 사이에 성립하는 굴절의 법칙(스넬의 법칙)을 따를 때 페르마의 최소 시간의 원리를 만족하게 됩니다. 빛과 구조 요원이 택해야 하는 경로는, 두 영역에서의 속도가 주어졌을 때 같은 수식을 따릅니다.

공기나 물과 같은 매질 안에서 빛이 진행하는 속도는 매질의 특성으로 정해집니다. 아무것도 없는 진공에서의 빛의 속도를 $v_0$라고 하고, 매질에서의 빛의 속도를 $v$라고 하면 두 속도의 비율이 바로 매질의 굴절률 $n=\frac{v_0}{v}$입니다. 물리 장난감 플러스에서 유도한 굴절의 법칙에 등장한 의 분자와 분모를 모두 진공에서의 빛의 속도 $v_0$로 나누면 결국 $\frac{v_1}{v_2}=\frac{n_2}{n_1}$입니다. 이 식을 이용하면 이제 굴절률이 주어진 두 매질을 통과할 때의 입사각과 굴절각 사이의 관계를 설명하는 굴절의 법칙을 수식으로 적을 수 있습니다. 바로 $\frac{\sin\theta_2}{\sin\theta_1}=\frac{v_1}{v_2}=\frac{n_2}{n_1}$입니다.

## ● 볼록 렌즈와 오목 렌즈

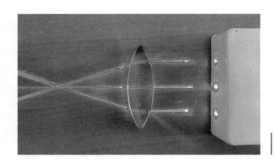

위 사진을 보면 볼록 렌즈에서 어떻게 빛이 굴절해서 한 점에 모이는지 알 수 있습니다. 사진의 오른쪽에 있는 레이저 장치에서는 세 개의 광원에서 평행한 세 줄기의 레이저 빛이 나옵니다. 평행하게 진행한 사진의 세 줄기 빛이 볼록 렌즈의 오른쪽 표면에서 렌즈의 안쪽으로 굴절하는 각도는 제각각 다릅니다. 빛과 렌즈 표면이 만나는 각도가 위치에 따라 달라지기 때문입니다. 물론 렌즈의 한 가운데로 입사한 빛은 입사각이 0도라서 굴절각 역시 0도고 따라서 그냥 직진하게 돼요. 공기와 렌즈가 만나는 두 표면에서 각각 굴절의 법칙을 적용하면 빛이 왜 이런 방식으로 굴절하는지 알 수 있어요.

한편, 페르마의 최소 시간의 원리를 적용해도 빛이 왜 이렇게 굴절하는지 알 수 있습니다. 물론 빛은 생각하지 않지만, 마치 빛이 경로를 결정하는 것처럼 가정해 볼게요. 먼저 렌즈의 한가운데를 통과해 직진한 빛이 이 직선 경로를 진행할 때

걸린 시간을 *T*라고 합시다. 셋 중 가장 위쪽으로 들어온 빛은 그럼 어떤 생각을 하게 될까요? "내가 통과하는 렌즈의 두께가 얇으니까 렌즈 안에서 소비한 시간이 짧고(-*t*), 이렇게 얻은 시간의 이익만큼 렌즈 바깥에서 더 먼 경로를 따라 더 오래(+*t*) 이동해도 되겠지?" *T*-*t*+*t*=*T*니까요. 결국 사진에서 가장 위와 가장 아래의 경로를 따라 진행한 빛이나 가운데를 직진해서 통과한 빛이나, 세 빛이 렌즈를 통과해서 한 점에서 만날 때까지 걸린 시간은 세 빛줄기 모두에게 같아집니다. 평행하게 볼록 렌즈에 입사한 빛이 초점에 모이는 이유는 각각의 경로를 따라 빛이 움직이는 데 걸린 시간이 모두 같기 때문입니다.

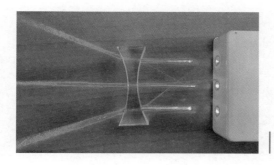

그림76 │ 오목 렌즈에서의 빛의 굴절.

오목 렌즈를 통과한 빛이 보여 주는 모습이 담긴 사진을 보죠. 오목 렌즈의 경우에는 빛이 한 초점에 모이지 않아요. 이 경우에 왜 이렇게 빛이 굴절하는지는 빛이 진행하면서 만나게 되는 두 면에 대해 각각 굴절의 법칙을 적용하면 쉽게 이해할 수 있습니다.

## ● 개구리 알이 투명해지는 이유

물을 머금은 개구리 알 장난감이 물속에서는 투명해서 안 보이지만 공기 중에서 쉽게 눈에 띄는 이유는, 물을 머금은 개구리 알의 굴절률이 물의 굴절률과 거의 같기 때문입니다. 물을 첫 번째 매질, 개구리 알을 두 번째 매질이라고 생각하고 굴절의 법칙을 적으면 $\frac{\sin\theta_1}{\sin\theta_2}=\frac{n_2}{n_1}=\approx 1$이 됩니다. 즉, $\theta_1 \approx \theta_2$ 이어서, 물속에서 진행하는 빛은 개구리 알을 통과할 때 거의 굴절하지 않고 직선 방향을 따라 진행하게 됩니다. 물속에 들어 있는 개구리 알은 우리 눈에 보이지 않는 것이죠. 한편 공기 중에 개구리 알을 두면, 이 개구리 알은 마치 작은 물방울처럼 빛을 굴절시켜 우리 눈에 잘 보이는 것이고요. 개구리 알 장난감은 물과 공기, 그리고 개구리 알의 굴절률로 이해할 수 있는 재밌는 장난감입니다. 하지만 자칫 삼켰다가 큰 사고로 이어질 수 있으니, 절대 이 장난감을 입에 넣지 않도록 합시다.

# 물리 장난감 플러스

## ● 똑똑한 구조 요원의 바람직한 계산법

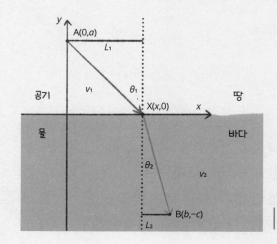

그림77 | 최소 시간 경로 계산과 굴절의 법칙.

이 그림을 이용해 A에서 B로 진행하는 경로 중 가장 짧은 시간이 걸리는 경로를 계산해 보려고 합니다. 해상 구조 요원이 해변 위를 달리는 속도는 $v_1$, 물에서 헤엄치는 속도는 $v_2$입니다. (빛의 경로를 구하는 경우에는 공기 중에서 빛의 속도가 $v_1$, 물속에서의 빛의 속도가 $v_2$입니다.) 그림처럼 좌표축을 잡고, A, X, B의 좌표를 그림처럼 설정하면, 전체 경로 중 땅 위에서 달리는 거리는 $\sqrt{x^2+a^2}$이고, 물에서 헤엄치는 거리는 $\sqrt{(b-x)^2+c^2}$이라는 것을 쉽게 알 수 있어요.

한편 시간은 거리를 속도로 나눈 것이어서, 땅 위에서 걸리는 시간은 $\frac{\sqrt{x^2+a^2}}{v_1}$이고, 물에서 헤엄치는 시간은 $\frac{\sqrt{(b-x)^2+c^2}}{v_2}$입니다. 이 둘을 더한 것이 전체 경로를 따라 이동하는 구조요원이 A에서 출발해서 B에 도착할 때까지의 시간이 됩니다. 이 전체 시간은 $x$의 함수이니, 아래의 수식으로 적을 수 있습니다.

$$f(x)=\frac{\sqrt{x^2+a^2}}{v_1}+\frac{\sqrt{(b-x)^2+c^2}}{v_2}$$

이 함수를 그래프로 그려 보면 아래로 볼록한 모습이에요. 따라서 이 함수의 극솟값을 구하면 바로 페르마의 최소 시간의 원리를 따르는 값입니다. 고등학교에서 배우는 미분을 위의 수식에 적용하면 아래의 식을 얻게 됩니다. 함수가 극소일 때 미분 값이 0이 되니까요.

$$f'(x)=\frac{x}{v_1}\frac{1}{\sqrt{x^2+a^2}}-\frac{(b-x)}{v_2}\frac{1}{\sqrt{(b-x)^2+c^2}}=0$$

이 식에서 $\frac{x}{\sqrt{x^2+a^2}}$의 의미는 무얼까요? 그림을 보면, 이 값이 다름 아닌 $\sin\theta_1$이라는 것을 확인할 수 있습니다. 한편, 식에 나온 $\frac{b-x}{\sqrt{(b-x)^2+c^2}}$ 는 $\sin\theta_2$와 같죠. 결국 앞에서 미분을 이용해서 구한 식을 정리하면 굴절의 법칙을 얻게 됩니다.

$$\frac{\sin\theta_1}{v_1} = \frac{\sin\theta_2}{v_2} \Rightarrow \frac{\sin\theta_1}{\sin\theta_2} = \frac{v_1}{v_2}$$

해상 구조 요원은 자신의 달리기 속도와 수영 속도를 이용해서 이 계산을 아주 빠르게 한 다음에 수식을 만족하는 경로로 움직이면 됩니다. 아, 물론 계산을 빨리 하기 어렵다면 일단 뛰기 시작해야 하겠죠? 아무래도 빨리 뛰기 시작하는 것이 나을 것 같네요.

# 마술 아닌 물리 법칙으로
# 공중 부양하기

### 정상파와
### 음파 부양기

　　공중 부양이라고 하면 어떤 이미지가 떠
오르나요? 애니메이션에서도 자주 나오고, 초능력으로 여겨
지기도 하는 마술 같은 공중 부양이 가능한지는 과학적으로
생각해 봅시다. 공중 부양은 지구의 중심으로 끌어당기는 중
력을 거슬러 물리적인 접촉이 없이도 공중에 떠 있을 수 있다
는 개념이죠. 알라딘의 양탄자처럼요.

## ● 음파로 공중 부양!

이번에 소개할 장난감은 소리의 파동인 음파를 이용해 물체를 공중에 띄울 수 있는 음파 부양기(acoustic levitator)입니다. 사진에서 보는 것처럼 위아래 두 원통 사이에 빈 공간이 있습니다. 이 장난감을 전원에 연결하고 아주 작고 가벼운 스티로폼 조각을 가운데 빈 공간의 적당한 곳에 두는 거예요. 그럼, 마술같이 이 작은 조각이 공중에 가만히 떠 있는 것을 볼 수 있습니다.

뒤에 자세히 설명하겠지만, 이 공중 부양은 물리학의 파동과 정상파의 원리로 이해할 수 있답니다. 음파를 이용한 장난감이지만 소리가 우리 귀에 들리지는 않아요. 간단한 계산을 통해서 이 작은 장치에서 나오는 소리를 우리가 귀로 듣지 못하는 이유도 설명해 보겠습니다.

그림78 │ 초음파 공중 부양 장치.

> **파동(wave)과 정상파(standing wave)**
> 파동은 매질에 생긴 교란이 진행하는 것이다(매질을 이루는 물질이 진행하
> 는 것이 아니다). 서로 반대 방향으로 진행하는 두 파동은 중첩되어 제자리
> 에 가만히 머물러 있는 것처럼 보이는 정상파를 이룬다.

## ● 파동은 매질의 교란이 진행하는 것

화창한 가을날 누렇게 익은 벼가 빼곡한 가을 논에 바람이 불면 벼들이 출렁이면서 파동이 진행하는 멋진 모습을 볼 수 있습니다. 축구 경기를 보는 관중들이 제자리에서 손을 번쩍 들어 올리며 일어섰다가 앉는 동작을 연이어서 진행해도 파동이 만들어지죠. 이렇게 스타디움 전체에 퍼지는 관중들의 파동을 멕시코 파동(Mexican wave)이라고 부른답니다.

잔잔한 호수에 작은 돌멩이를 던지면, 돌멩이가 수면에 만든 교란이 동그란 원 모양으로 퍼져 나가는 것도 볼 수 있어요. 호수에 떠 있는 작은 나뭇잎 하나가 보이네요. 돌멩이가 만든 물결이 나뭇잎에 닿으면 나뭇잎은 잠깐 위로 올랐다가 다시 곧 아래로 내려가 원래의 위치로 돌아옵니다. 다음 물결이 다가오면 또 마찬가지로 제자리에서 위아래로만 움직이죠. 나뭇잎 바로 아래에 있는 물을 생각해 보죠. 이 부분의 물은 물결이 지나갈 때 제자리에서 위로 올라갔다가 다시 아래로 내려올 뿐, 물결이 진행하는 방향으로 이동하는 것은 아님을 나뭇잎의 운동에서 알 수 있어요.

가을 논의 벼가 만든 파동이나 스타디움의 멕시코 파동, 돌멩이가 만든 호수의 파동 모두 벼, 사람, 그리고 물이 움직여 가는 것은 아니죠. 이처럼 매질을 이루는 물질은 진행하지 않고, 매질의 교란이 진행하는 것을 파동이라고 합니다.

## ● 횡파와 종파가 모두 가능한 현상

파동은 파동의 진행 방향이 매질의 진동 방향과 수직인 횡파(transverse wave)와 두 방향이 평행한 종파(longitudinal wave)로 나뉩니다. 호수 면에 생긴 물결의 경우 매질인 물은 위아래로 진동하고 물결 파동은 호수 면에 평행한 방향으로 진행해서 횡파에 해당해요. 기타 줄을 손가락으로 튕기면 기타 줄은 위아래로 진동하지만 줄에 만들어진 파동은 긴 기타 줄 방향으로 진행하니까, 기타 줄에서 만들어진 파동도 횡파입니다.

레인보우 컬러 링, 또는 스프링 장난감이라고도 하는 슬링키(slinky)도 파동을 만들어 냅니다. 슬링키를 책상 위에 길게 놓고 원통 모양에 평행한 방향(슬링키의 길이 방향)으로 한쪽 끝을 휙 밀면 이때 만들어지는 파동은 종파가 됩니다. 슬링키를 구성하는 금속 원들이 진동하는 방향이 파동이 진행하는 방향과 같으니까요. 한편, 책상 위에 놓인 기다란 슬링키를 손으로 잡아 옆으로 흔들면 이때는 횡파가 만들어져서 진행하게 됩니다.

| 그림79 | 슬링키 장난감.

슬링키처럼 횡파와 종파가 모두 가능한 현상 중 가장 대표적인 것이 바로 지진입니다. 진앙에서 만들어진 커다란 지각 움직임의 교란이 처음에 진행할 때는 횡파, 종파 모두 가능하거든요. 횡파는 진행할 수 없지만 종파는 진행하는 매질도 있습니다. 물, 공기와 같이 흐를 수 있는 물질인 유체(fluid)가 이런 경우랍니다. 종파는 유체를 통과할 수 있지만 횡파는 통과할 수 없거든요.

그 이유는 어렵지 않게 이해할 수 있어요. 책상 위에 네모난 지우개를 놓고, 지우개의 윗면에 손바닥을 대서 옆으로 밀면 지우개가 그 방향으로 따라옵니다. 지우개를 비롯한 모든 고체 물질은 면에 손을 대고 옆으로 밀면 밀 수 있어요. 그러면 이제 공기와 물 같은 유체의 육면체 모양 덩어리를 상상해봅시다. 유체 육면체의 한 면을 면에 평행한 방향으로 밀어도 육면체 전체가 그 방향으로 밀리지는 않습니다. 바로 이런 이유로 유체 안을 통해서 횡파는 진행할 수 없어요. 하지만 종파는 진행할 수 있습니다. 방금 상상한 유체의 육면체 덩어리의 한쪽 면을 이번에는 면에 수직인 방향으로 누르는 겁니다. 그럼 유체 전체가 그 방향으로 밀려요. 옆으로 밀면 밀리지 않고, 앞으로 밀면 밀린다는 간단한 이유로 매질이 유체인 경우에는 횡파가 아닌 종파만이 가능하게 됩니다.

혹시 중국 무협 소설이나 무협 영화 보신 적이 있나요? 무림의 고수가 손바닥을 앞으로 내밀어서 멀리 있는 적을 공격하는 '장풍'을 쏘곤 하죠. 적을 향해 손바닥을 앞으로 뻗어야 장풍 공격이 가능한 것도, 유체에서는 종파만이 가능하기 때문이에요. 여러분이 손바닥을 앞으로 휙 뻗어야 촛불을 끌 수 있는 이유도 같습니다. 만약 공기 안에서 횡파도 진행할 수 있다면, 정면(남쪽)을 똑바로 보면서 손바닥을 앞을 향해 (남쪽으로) 쭉 뻗어도 옆 방향(동쪽)에 있는 촛불을 끌 수 있겠죠? 하지만 모두 알다시피 그런 일은 일어날 수 없습니다. 무림 고수가 쏘는 장풍은 사실 인간의 몸으로는 불가능한 허구이긴 해요. 하지만 손바닥을 앞으로 뻗어 적을 공격하는 것을 보면 장풍을 구사하는 무림 고수도 유체에서는 종파만이 진행할 수 있다는 물리학의 지식을 알고 있는 것 같군요. 여러분도 무림 고수가 되고 싶다면 물리학을 꼭 공부하세요!

앞서 말했듯 지진파는 횡파와 종파가 모두 가능해요. 하지만 지구의 반대편까지 전달되는 지진파라면 횡파가 아닌 종파만이 가능합니다. 그 이유가 참 재미있어요. 지구 중심에는 내핵이 있고, 내핵을 둘러싸고 있는 부분이 지구의 외핵입니다. 그런데 지구의 외핵은 온도가 아주 높아서 철과 니켈 같은 물질이 액체 상태로 존재해요. 지표면 근처에서 만들어진 지진파는 횡파와 종파 모두 있지만, 외핵이 유체이기 때문에 횡파는 이곳을 통과할 수 없습니다. 따라서 지진이 일어난 곳에서 아주 멀리 떨어진 지구 반대편에는 종파만이 도달할 수 있죠.

## ● 음파는 소리의 파동

제가 '아' 하고 목소리를 내면 그 소리는 공기를 거쳐 다른 사람에게 전달됩니다. 목 안 성대가 진동하면서 성대 바로 앞의 공기에 압력의 교란을 만들어 내고, 이 교란이 공기 중에서 전달되는 것이 소리의 파동인 '음파'입니다. 듣는 이의 귀에 압력의 교란이 전달되면 귀 안에 있는 고막이 진동하게 되고, 이 진동이 우리 귀 내부의 복잡한 메커니즘을 통해 신경 신호로 변환되어 우리 뇌가 소리를 인식하게 됩니다.

공기는 유체라서 종파만이 전달될 수 있으므로 소리의 파동인 음파도 당연히 종파예요. 공기 압력의 교란을 눈으로 직접 볼 수는 없지만, 앞에서 소개한 슬링키 장난감을 길이 방향으로 흔들었을 때 전달되는 종파에 빗대어 이해할 수 있습니다. 슬링키 장난감을 길이 방향으로 휙 짧게 밀면 손이 닿은 앞부분에서는 원통 모양의 나선들이 좀 더 빽빽하게 되겠죠? 그리고 시간이 지나면 이 빽빽한 부분이 슬링키의 길이 방향으로 전달됩니다.

## 정상파의 마디와 배

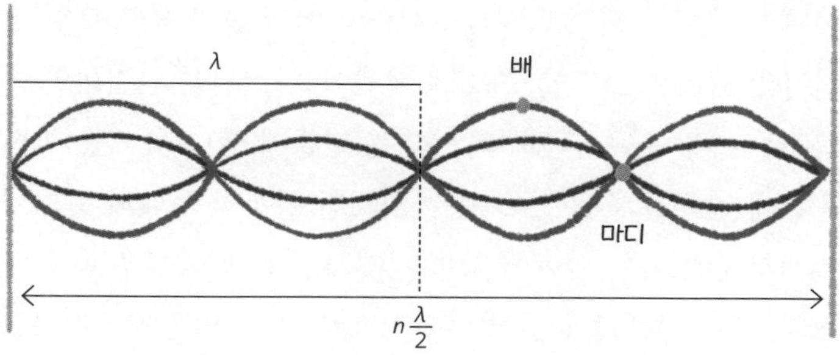


그림80 | 정상파의 마디와 배.

이 그림은 양쪽이 고정된 줄에서 만들어질 수 있는 파동의 모습입니다. 뒤의 물리 장난감 플러스에서 수식으로 설명한 것처럼, 왼쪽으로 진행하는 파동과 오른쪽으로 진행하는 파동은 서로 더해져 그림처럼 좌우로 움직이지 않고 멈춰 제자리에서 위아래로만 진동하는 모습의 정상파를 이룹니다. 정상파의 진동을 가만히 보면 시간이 지나도 위아래로 움직이지 않는 위치가 있어요. 마디(node)라고 부르는 위치입니다. 또 밥을 많이 먹어 불쑥 나온 배로 숨 쉴 때의 모습처럼 부풀었다 줄었다 하는 부분인 배(anti-node)도 보입니다. 삼각 함수인 사인 함수의 모습을 그려 보고 위의 그림과 비교하면, 다시 파동이 제자리로 돌아오는 거리인 파장 λ는 마디와 마디 사이의 거리의 두 배와 같아요. 마찬가지로 배와 배 사이의 거리의 두 배도 λ입니다.

# ● 초음파 공중 부양 장난감의 원리

　세부 사항이 길었죠? 자, 이제 드디어 초음파 공중 부양 장난감의 원리를 설명할 수 있게 되었어요. 전원을 연결하면 이 장치는 아주 높은 진동수의 음파를 만들어 냅니다. 가운데 빈 공간에는 우리가 눈으로 볼 수 없지만 정상파 형태의 음파가 존재하게 되고요. 앞에서 설명한 것처럼 음파의 경우 공기 압력의 교란이 전달되는 것이어서, 압력이 일정하게 유지되는 정상파의 마디와, 압력이 오르락내리락하는 정상파의 배가 정해진 위치에 일정한 간격으로 놓이게 됩니다.

　작고 가벼운 스티로폼 조각을 이 공간에 두면 어떤 일이 생길까요? 먼저 중력의 영향으로 이 조각은 아래로 내려가려 하는데, 만약 조각 바로 아래에서 공기의 압력이 커지면 조각은 아래로 내려가지 못하게 되겠죠? 결국 작은 스티로폼 조각은 초음파 정상파의 배가 아닌 마디에서 가만히 정지해 있게 됩니다. 사실 마디 바로 아래의 공기의 압력이 마디에서의 압력보다 낮아지는 순간도 있습니다. 이때는 스티로폼 조각이 조금 아래로 내려가게 되는데, 초음파의 진동수가 아주 크다면 내려가기 시작하자마자 그곳의 압력이 또 올라가겠죠? 비유하자면 탁구공을 손바닥 위에 올려놓고는 손바닥을 위아래로 움직이면서 탁구공을 계속 위로 치는 것과 비슷한 상황입니다. 탁구공(스티로폼 조각)이 중력의 영향으로 아래로 움직이기 시작하자마자, 곧 다시 손바닥(높아진 공기의 압력)이

그림81 | 스티로폼 조각 네 개를 공중 부양시키는 데 성공! 그리고 파장도 측정해 보았다.

탁구공(스티로폼 조각)을 위로 밀어 올리는 거죠.

제가 실험한 모습을 담은 사진들입니다. 무려 네 개의 스티로폼 조각을 공중 부양시켰어요! 가만히 보면 네 조각이 거의 일정한 간격으로 떠 있는 것을 볼 수 있습니다. 정확히 측정하기는 어려웠지만 자를 이용해서 스티로폼 조각 사이의 거리를 측정해 보니, 첫 번째 조각부터 마지막 조각까지의 전체 거리가 약 1.2cm이었습니다. 두 마디 사이의 거리가 바로 파장의 절반이라는 것, 기억하죠? 그렇다면 1.2cm는 파장의 절반의 세 배입니다. 계산기를 두드려 보니, 제가 가진 초음파 공중 부양 장난감에서 만들어진 초음파의 파장은 약 0.8cm에 해당하는군요. 한 주기 동안 파동은 한 파장의 거리를 진행하게 되므로, 파동의 속도는 파장을 주기로 나누면 얻을 수 있습니다. 그리고 주기는 파동의 진동수의 역수이므로 다음 수식을 얻게 됩니다.

$$v = f\lambda$$

이 내용은 물리 장난감 플러스에서 자세히 설명했습니다.

한편, 우리가 살아가는 온도와 압력 조건에서 소리가 공기 중을 진행하는 속도는 약 340m/s라고 알려져 있어요. 위의 식에 $v=340m/s$, $\lambda=0.8cm$를 대입하면, 제가 가진 장난감에서 발생하는 초음파의 진동수 $f$를 얻게 됩니다. 계산기를 두드려 보니 초음파의 진동수가 약 43,000Hz네요. 초음파 공중 부양 장난감에서 나는 소리를 귀로 듣지 못하는 이유를 이제 설명할 수 있습니다. 사람의 귀는 20Hz~20,000Hz 사이의 소리만 들을 수 있거든요. 20Hz~20,000Hz를 사람의 가청 진동수라고 불러요. 사람이 들을 수 있는 진동수라는 뜻이죠. 게다가 저처럼 중년의 나이에 접어든 사람은 높은 진동수의 소리를 잘 듣지 못하기도 하고요.

파동에 대해 너무 많은 것을 한꺼번에 배워 머리가 아프신 가요? 그만큼 공중 부양 장치는 수많은 물리학의 개념을 담고 있는 장난감이랍니다.

# 물리 장난감
# 플러스

## ● 파동의 속도, 진동수, 파장

파동을 수학 함수로 적을 수 있어요. 일반적인 파동 함수는 $y=f(x-vt)$의 꼴입니다. 이 식은 1차원을 따라 $v$의 속도로 진행하는 파동에 대해서 위치 $x$, 시간 $t$에서의 파동의 변위 $y$를 기술합니다. 한편, 파동이 반대 방향으로 진행하는 경우에는 $v$ 대신 $-v$의 속도를 갖게 되므로 파동 함수는 $y=f(x+vt)$의 꼴이죠. 딱 하나의 진동수와 파장을 가지고 있는 단순한 파동의 경우에는 파동 함수를 사인 함수를 이용해서 $y=A\sin(kx-\omega t)$로 간단히 적을 수 있습니다. 이 식에서 $kx-\omega t=k(x-vt)$로 바꿔 적고 일반적인 파동 함수 $f(x-vt)$와 비교하면 $v=\frac{\omega}{k}$라는 것을 알 수 있죠.

사인 함수의 주기는 $2\pi$이고, 파동이 파장 $\lambda$만큼 공간상에서 진행하면 다시 원래의 모습과 같아지므로 $k=\frac{2\pi}{\lambda}$입니다. 또한, 파동이 주기 $T$만큼 시간이 지나면 다시 원래의 모습과 같아져야 하므로 $\omega=\frac{2\pi}{T}$고요. 이 두 식을 이용하면 파동의 속도는 $v=\frac{\omega}{k}=\frac{\lambda}{T}$입니다. 사실 이 식은 직관적으로 쉽게 이해할 수 있어요. 속도는 거리를 시간으로 나눈 것이고, 시간 $T$ 동안 파동이 진행한 거리가 λ여서 $v=\frac{\lambda}{T}$인 것이죠. 또, 주기가 진동수의 역수 $(T=\frac{1}{f})$라는 것을 이용하면, 아래의 식처럼 파동의 속도는 파장과 진동수의 곱으로 주어지게 됩니다.

$$v=f\lambda$$

## ● 파동의 중첩과 정상파

다른 모든 것은 똑같고 속도의 방향만이 반대인 두 파동을 생각해 봅시다. 오른쪽(+x 방향)으로 움직이는 사인 함수꼴의 파동은 $y_1=A\sin(kx-\omega t)$, 그리고 왼쪽(-x 방향)으로 움직이는 파동은 $y_2=A\sin(kx+\omega t)$로 적을 수 있습니다. 두 파동이 함께 존재하는 경우 전체 파동은 두 파동 함수를 더한 파동 함수로 기술됩니다. 즉, $y=y_1+y_2=A\sin(kx-\omega t)+A\sin(kx+\omega t)$이죠. 각각의 항에 사인 함수의 덧셈 법칙 $\sin(a+b)=\sin a\cos b+\cos a\sin b$를 적용해서 정리하면, $y=2A\sin(kx)\cos(\omega t)$를 얻게 됩니다. 이처럼 서로 반대 방향으로 진행하는 두 파동이 중첩해서 만들어 내는 합성 파동이 바로 정상파입니다.

정상파의 '정상'은 꼭대기를 뜻하는 정상(頂上)도, 탈 없이 제대로라는 뜻인 정상(正常)도 아닙니다. 시간이 지나도 그대로 머물러 있는 정상(定常)이라는 뜻으로, 정상파의 영어 표현 'standing wave'에서 'standing'을 한자어로 적은 것입니다. '제자리에 서 있는 파동'으로 정상파의 의미를 기억하면 됩니다.

앞서 말했듯, 정상파에서 시간이 지나도 위아래로 진동하지 않고 항상 제자리에 있는 곳들을 정상파의 마디라고 부르고, 정상파의 진폭이 가장 큰 위치는 배라고 불러요. 마디와 마디 사이의 거리는 배와 배 사이의 거리와 같고 그 거리는 파장의 절반입니다. 즉, 정상파의 마디와 마디 사이의 거리를 측정해서 그 거리에 2를 곱하면 파장을 구할 수 있습니다.

# 모래알로 그림을 그리는
## 파동의 비밀

공명과
두피 마사지기

길고 짧은 두 종류 길이의 철사 여럿을
모아 한쪽 끝을 묶은 두피 마사지기로 머리를 마사지해 본 적
이 있나요? 기둥을 손으로 잡고 머리에 철사 끝쪽을 댄 다음
에 위아래로 움직이면 간질간질한 느낌이 나면서 두피를 시
원하게 마사지해 주죠. 모양도 간단하고 가격도 저렴해요.

유용하게 두피를 마사지하던 어느 날 우연히 손가락으로
철사를 튕겨 봤습니다. 그 순간, 두피 마사지기에도 물리가
숨어 있음을 깨닫게 되었습니다. 자, 눈을 크게 뜨고 다음 사
진을 살펴보고 무슨 원리인지 맞춰 보세요.

이 사진은 손가락으로 긴 철사 하나를 튕기고 나서 찍은 것이에요. 자세히 보면 긴 철사들만 떨리고 있고 짧은 철사들은 가만히 있는 것을 볼 수 있어요. 왜 그럴까요? 이 모습은 공명이라는 현상으로 설명할 수 있답니다.

> 공명(resonance)
> 떨개(oscillator, 진동자라고도 부름)가 본래 가지고 있는 자연 진동수(natural frequency)가 떨개 외부에서 미치는 요인이 가지고 있는 외부 진동수(external frequency)와 같아져서 떨개의 진폭이 크게 늘어나는 현상.

## ● 두피 마사지기를 이용한 공명 실험

공명 현상이 발생하는 경우에는 항상 서로 질적으로 다른 두 진동수, 혹은 주기가 등장한다는 것이 중요해요. 이 두피 마사지기에도 길고 짧은 두 종류의 철사가 있어요. 짧은 철사를 손가락으로 살짝 옆으로 잡아당겼다 놓으면 이 철사가 진동합니다. 이 진동의 진동수가 바로 짧은 철사의 자연 진동수죠. 처음 움직인 철사 하나의 진동은 철사가 모여 있는 기둥을 통해 다른 모든 철사에 전달됩니다. 다른 철사의 입장에서, 처음 움직인 철사가 전달한 진동은 외부에서 주기적으로 가해지는 힘과 다를 바 없습니다. 처음 튕긴 철사의 진동수는 다른 짧은 철사에도 외부 진동수로 작용하겠죠. 그런데 같은 길이를 가진 다른 철사의 자연 진동수는 처음 움직인 짧은 철사의 자연 진동수와 거의 같으므로, 결국 짧은 철사 모두가 공명 현상을 통해 큰 진폭으로 떨리게 됨을 알 수 있습니다.

한편 긴 철사의 자연 진동수는 이들에게 작용하는 외부 진동수와 많이 다릅니다. 공명 조건을 만족하지 못해 긴 철사는 거의 움직이지 못하죠. 즉, 짧은 철사를 튕겼을 때 비슷한 길이의 짧은 철사들만이 떨리는 것은 공명 현상으로 이해할 수 있답니다. 긴 철사를 튕겨도 마찬가지죠. 긴 철사들만 크게 떨리고 짧은 철사들은 거의 움직이지 않습니다. 머리를 시원하게 해주는 두피 마사지기가 공명을 설명하는 물리 장난감이 되고 말았네요!

## 🔵 공명이 재현하는 아름다운 소리

어렸을 때 해변에서 발견해 집에 가져온 소라 껍데기를 귀에 대면 바닷가에서 났던 '옹' 소리를 들을 수 있었어요. 그때 어른들은 소라 껍데기 속에 해변의 파도 소리가 녹음된 거라고 했는데요. 사실은 아니지만 그 소리를 들으면 해변에서 재밌게 놀았던 추억이 떠올라 참 좋았어요.

소라 껍데기나 빈 컵을 귀에 대면 우리는 그 안에서 소리를 들을 수 있어요. 사실 이것도 공명 현상으로 설명할 수 있답니다. 하나하나 귀로 구분하지 못해도 우리 주변에는 온갖 진동수의 소리가 배경 소음으로 존재합니다. 다양한 외부 진동수가 공존하는 거죠. 그리고 빈 컵 안에 들어 있는 공기 덩어리의 모양과 부피로 정해지는 자연 진동수도 있습니다. 바깥에서 들리는 소리 중에는 컵 안에 든 공기 덩어리가 가진 자연 진동수와 같은 진동수의 소리도 있겠죠? 바로 이 외부 진동수가 컵 안 공기의 자연 진동수와 같아지면 공명 현상으로 말미암아 이 소리가 더 크게 증폭됩니다. 결국 우리 귀에 '웅' 하고 들리는 소리의 근원은 컵의 안이 아닌 컵의 바깥이랍니다.

또한 빈 컵의 부피와 모양에 따라 자연 진동수가 다르므로, 각기 다른 컵을 귀에 대면 '웅' 소리의 높이가 달라질 겁니다. 컵이 크면 파장이 더 긴 파동이 만들어집니다(진동수는 파장에 반비례하는 값이므로, 이 컵의 자연 진동수는 더 작습니다). 소리의 높고 낮음은 소리의 진동수가 결정하는데, 진동수가 클수록 높은 소리가 납니다. 즉, 큰 컵에서 더 낮은 음의 소리가 들리게 된답니다. 크고 작은 두 컵을 각각 귀에 대 보고 파도 소리를 들어 보세요. 작은 컵에서 더 높은 음, 그리고 큰 컵에서 더 낮은 음을 들을 수 있습니다.

공명을 이용한 멋진 전시회를 다녀온 적이 있어요. 영국의 현대 미술가 올리버 비어의 "공명-두 개의 음(Resonance Paintings-Two Notes)"이라는 전시였어요. 아래 사진처럼 소리의 공명을 이용한 〈공명 관(Resonance Vessels)〉이 곳곳에 전시돼 있었어요. 전시장 안에서 관람객이 만들어 내는 작은 소음 중 일부가 도자기 안의 공간에 공명을 일으킵니다. 그럼 도자기 안쪽에 놓인 마이크가 그 소리

그림83 | 올리버 비어의 작품 〈공명 관〉의 내부 모습. 전시관 곳곳에 이와 비슷한 공명 관이 전시되어 있다. 김범준 촬영.

를 입력으로 받아들이고 증폭해 스피커로 들려주는 방식의 전시물이었습니다. 관람객이 만든 소리를 다시 관람객에게 공명으로 되돌려주다니, 정말 환상적인 발상이죠?

## 🔵 공명의 패턴

모든 물체는 진동합니다. 그런데 같은 물체도 다르게 진동할 수 있어요. 앞에서 설명을 쉽게 하려고 진동하는 물체마다 딱 하나의 자연 진동수가 있는 것처럼 적었지만, 사실 같은 물체도 여러 자연 진동수를 가질 수 있습니다. 리코더 다들 불어 봤죠? 모든 구멍을 손가락으로 막고 피리를 불면 가

장 낮은음이 나지만 이때 강하게 숨을 불어 넣으면 '삑!' 하면서 원하지 않았던 높은음이 들립니다. 피리의 구멍을 모두 막은 같은 상태의 피리인데도 숨을 약하게 불 때와 강하게 불 때, 각각의 자연 진동수가 있는 것이랍니다.

자, 여기서 공명 현상을 관찰할 수 있는 실험을 하나 더 소개하겠습니다. 철판 위에 가는 모래알을 부어 놓고 철판 아래에 스피커를 설치합니다. 그리고는 스피커에서 들리는 소리의 진동수를 바꿔 가는 겁니다. 스피커 소리의 진동수가 이때는 외부 진동수에 해당합니다. 외부 진동수를 바꿔 가다 보면 철판이 가진 여러 자연 진동수 중 하나와 같아지게 되고, 그러면 철판은 공명 현상으로 인해 진동하게 됩니다. 어떤 진동이 만들어지는지에 따라 철판 위의 모래는 다양한 패턴을 보여 주게 됩니다. 만다라 같은 아름다운 패턴이 나타나기도 해요. 모래가 쌓여서 하얗게 보이는 부분은 철판 위의 파동이 위아래로 크게 변하지 않는 파동의 '마디'에 해당합니다. 이 현상은 독일의 에른스트 클라드니가 발견하여, 클라드니 도형, 클라드니 철판 등으로 부릅니다.

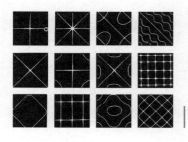

그림84 | 클라드니 판에 올려 놓은 모래알이 보여 주는 다양한 공명 패턴.

## ● 공명으로 만든 그림

아까 소개했던 전시에는 실제로 공명 현상을 이용한 회화 작품도 전시되어 있었어요. 올리버 비어 작가는 철판 대신 팽팽하게 당긴 캔버스를 이용했습니다. 캔버스 위에 파랗고 붉은 안료 가루를 올려 놓고 그 아래에 놓은 스피커를 이용해 여러 음악과 소리를 출력하는 것이죠. 이렇게 전달된 소리의 파동에는 여러 외부 진동수가 섞여 있습니다. 캔버스는 철판이 아니어서 규칙적인 모습의 파동을 공명으로 만들어 내지는 못합니다. 균일한 매질이 아니어서 나타나는 불규칙한 파동의 모습이 더 아름다운 것 같기도 합니다. 물리 현상을 이용해 이토록 멋진 작품을 만들어 낸 작가에게 경이감을 느끼지 않을 수 없었어요.

그 외에도 우리 주변에는 수많은 공명 현상이 일어나고 있습니다. 그네를 밀어 줄 때, 전자레인지로 음식을 데울 때도요. 오늘 하루는 주변의 현상들을 잘 살펴보고 여기에 혹시 공명의 원리가 들어 있지는 않은지 생각해 보세요.

# 물리 장난감
## 플러스

## ● 용수철에 매단 물체의 단순 조화 진동

철사를 돌돌 말아 나선형 모습을 한 스프링에서 용의 수염의 모습을 떠올렸는지 우리나라에서는 스프링을 용수철(龍鬚鐵)이라는 재밌는 이름으로 부릅니다. 용수철에 물체를 매달고 잡아당겼다 놓으면 물체는 주기적으로 같은 위치로 다시 돌아와 진동하는 모습을 보여줍니다.

용수철에 매단 물체를 떠올려 보세요. 용수철이 늘어나는 방향으로 물체를 잡아당기면 물체는 원래의 위치로 돌아오려 합니다. 한편 길이가 줄어드는 방향으로 밀어 용수철을 수축시키면 물체는 수축한 방향의 반대 방향으로 힘을 받고요. 또, 용수철을 점점 더 길게 늘일수록 물체를 잡고 있기가 힘들어집니다. 물체가 가만히 있던 처음의 평형 위치에서 멀어질수록 물체에 작용하는 힘의 크기가 늘어난다는 이야기죠.

이 논의를 모아 용수철에 매단 물체에 작용하는 힘 $F$를 수식으로 적으면 $F=-kx$가 됩니다. 물체가 움직이지 않고 놓여 있는 평형 위치를 $x=0$으로 두었을 때 성립하는 수식입니다. 식의 오른쪽에 음(-)의 부호가 있어서, 만약 $x>0$이면 $F<0$,

$x<0$이면 $F>0$입니다. 물체에 작용하는 힘은 평형 위치로부터의 변위의 크기에 비례하고, 또 힘의 방향은 변위와 반대 방향이라는 이야기입니다. 어렵게 들리지만, 사실 모두가 익숙하게 경험하는 상황입니다. 용수철에 매달린 물체에 작용하는 힘은 늘리면 줄어드는 방향으로, 줄이면 늘어나는 방향으로 작용합니다. 더 길게 잡아당기거나 더 많이 밀어 길이를 줄일수록 힘도 커진다는 말이죠.

용수철에 매단 물체에 작용하는 힘을 $F=-kx$로 적을 수 있다는 것을 처음 이 식을 제안한 사람의 이름을 따서 훅의 법칙(Hooke's law)이라고 합니다. 현수선을 연구하기로 한 그 로버트 훅 맞습니다(참고로 『피터 팬』의 후크 선장과는 다른 사람입니다.). 이 식에 등장하는 비례 상수 $k$를 용수철 상수라고 불러요. 훅의 법칙을 따르는 힘만 있는 경우에 물체는 멈추지 않고 영원히 진동합니다. 이때 물체의 진동이 가진 진동수가 바로 자연 진동수입니다. 뉴턴의 운동 방정식을 적용해서 자연 진동수를 구해 볼까요? 운동 방정식인 $F=ma$에 $F=-kx$를 대입하고, 우변의 가속도 $a$가 위치 $x$를 시간 $t$에 대해 두 번 미분한 것이라는 것을 이용하면 됩니다. 진동하는 물체의 자연 진동수를 $f_0$, 그에 해당하는 각진동수를 $\omega_0(=2\pi \cdot f_0)$라고 하죠. 시간 $t$에서의 물체의 위치를 $x(t)=A_0 \cdot \sin(\omega_0 t)$라고 적고 뉴턴의 운동 방정식에 대입하면 $-k \cdot A_0 \cdot \sin(\omega_0 t)=-m\omega_0^2 \cdot A_0 \cdot \sin(\omega_0 t)$를 얻게 되는군요. 사인 함수를 두 번 미분하면 부호가 음($-$)으로 바뀐 사인 함수가 되니까요. 결국 이렇게 단순한 용수철의 경우 자연 진동수를 얻을 수 있습니다. 바로 아래 식이죠.

$$\omega_0 = 2\pi f_0 = \sqrt{\frac{k}{m}}$$

이렇게 계속 시간이 지나면서 삼각함수인 사인이나 코사인의 꼴로 진동하는 것을 단순 조화 진동(simple harmonic oscillation)이라고 해요. 용수철 상수가 $k$인 용수철에 매단 질량 $m$인 물체가 보여 주는 단순 조화 진동의 자연 진동수는 용수철 상수가 클수록(더 힘이 세고 빡빡한 용수철의 경우) 커지고, 물체의 질량이 커지면 줄어듭니다. 무거운 추를 흐물흐물 잘 늘어나는 용수철에 매달면 천천히 진동한다는 이야기죠.

### ● 용수철에 매단 물체의 강제 진동과 공명

현실에서 용수철에 매단 물체는 계속 진동하다가 결국 평형 위치인 $x=0$에 가만히 멈추게 됩니다. 물체가 운동하면 마찰력과 공기의 저항력 등이 작용하기 때문입니다. 빠르게 움직이는 자동차 안에서 차창 밖으로 손을 조금 내밀면 차창 밖 공기가 손바닥에 큰 힘을 미치는 것이 느껴지죠? 이처럼 저항력은 물체가 빨리 움직일수록 커집니다. 물체가 빠르게 움직이지 않는 경우, 저항력의 크기는 물체의 속력에 비례해요. 그리고 당연히 저항력은 물체가 움직이는 방향의 반대 방향으로 작용하죠.

혹의 법칙에 따라 용수철이 물체에 작용하는 힘과 저항력을 모아서 적어 보면 $F=-kx-bv$입니다. 오른쪽의 두 번째 항 $-bv$가 바로 속력에 비례하고 방향은 속도의 반대 방향(음의 부호)인 저항력입니다. $b$는 저항력의 크기를 정해 주는 비례 상수고요. $b$의 값이 0이 아닌 경우의 진동을 감쇠 진동(damped oscillation)이라고 해요. 감쇠 진동을 하는 떨개의 진폭은 시간이 지나면서 줄어들다가 결국 평형 위치인 $x=0$에서 정지하게 됩니다. 물체는 진동하면서 천천히 조금씩 진폭이 줄어드는 모습을 보여 줘요.

공명 현상에는 서로 다른 유형의 두 진동수가 관여합니다. 외부에서 아무런 힘이 없어도 계속 진동하는 용수철이 가진 자연 진동수, 그리고 외부에서 주기적으로 가한 힘이 가지고 있는 외부 진동수죠. 공명 현상을 이해하려면 앞에서 생각한 힘 $F=-kx-bv$에 더해서 외부에서 가해 준 주기적인 힘도 고려해야 해요. 외부에서 주기적으로 가한 힘이 가진 외부 진동수를 $f$, 이에 해당하는 각진동수를 $\omega(=2\pi \cdot f)$, 힘의 진폭을 $F_0$라고 하면, 이제 용수철에 매단 물체에 가해지는 모든 힘을 모아서 전체 힘을 적을 수 있어요. 바로 $F=-kx-bv+F_0 \cdot \sin(\omega t)$군요. 충분히 시간이 지나면 물체의 진동수가 외부 진동수와 같아져요. 이때 뉴턴의 운동 법칙 $F=ma$를 용수철에 매단 물체에 적용하면 물체가 결국 지속적으로 진동하는 운동의 진폭 $A$를 구할 수 있습니다. (자세한 계산은 일반 물리학 수업에서 배웁니다.) 바로 다음 식이죠.

$$A=\frac{F_0}{\sqrt{m(\omega^2-\omega_0{}^2)^2+b^2\,\omega^2}}$$

이제 이 식으로 공명 현상을 설명할 수 있게 되었어요. 외부에서 주기적인 힘을 가해서 강제 진동을 시키지 않아도 용수철에 매단 물체는 자연 진동수로 진동합니다. 외부에서 가해 주는 주기적인 힘이 가진 외부 진동수를 조금씩 변화시키면 위의 식이 보여 주듯이 $\omega=\omega_0$를 만족할 때 진동의 진폭 $A$가 최대가 됩니다. 바로 공명 현상이죠.

복잡하죠? 이것만 기억해 주세요. 공명 현상에는 두 개의 진동수, 혹은 두 개의 주기가 관여합니다. 외부에서 아무것도 하지 않을 때 떨개가 자연스럽게 진동하는 자연 진동수, 그리고 외부에서 주기적으로 가하는 힘이 가진 외부 진동수입니다. 두 진동수가 같아지는 것이 바로 공명 조건이고, 그 때문에 진동의 진폭이 커지는 것이 바로 공명 현상입니다.

# 웅덩이에는 왜
## 무지개가 나타날까

빛의 간섭·회절과
DVD 디스크

　　　　　　DVD 디스크를 꺼내서 옆면을 자세히 보면 DVD가 두 층의 플라스틱으로 나뉘어 있는 것을 볼 수 있어요. 이번에 소개할 실험을 위해서는 문구용 칼로 옆에서 DVD를 두 층으로 분리해야 합니다. 그림85처럼 말이죠. 왼쪽은 DVD 라벨이 붙어 있는 층입니다. 오른쪽 두 번째 층에는 무지갯빛으로 반짝이는 부분과 거의 투명한 부분도 보이는군요. DVD의 두 층 사이에는 빛을 반사하는 금속 재질의 막이 있는데, 제가 칼로 분리하면서 이 금속층이 뜯겨져 나가는 바람에 투명하게 보이는 부분이 생겨났습니다.

이렇게 보니 DVD가
여러 층으로 되어 있다
는 것을 알 수 있네요.
라벨층은 사진 오른쪽
층을 덮어서 보호하는
역할을 합니다. 그리고

| 그림85 | DVD를 두 층으로 분리했다.

오른쪽 층도 사실은 여러 층으로 되어 있어요. 빛을 반사하는
금속층, 정보가 저장되어 있는 층, 그리고 그 위를 덮고 있는
투명한 플라스틱층이 있습니다.

아래 그림은 DVD의 여러 층을 옆에서 본 모습입니다.
(아까 떨어져 나간 부분이 빨간색으로 표시된 금속층의 일부랍니다.)
DVD 드라이브 장치 내부에서는 레이저 빛을 발생시켜요. 정
보가 저장된 층에서 되돌아오는 레이저 빛에 담긴 정보를 이
용해서 DVD 안에 담겨 있는 영화를 보기도 하고 음악을 듣
기도 하는 것입니다.

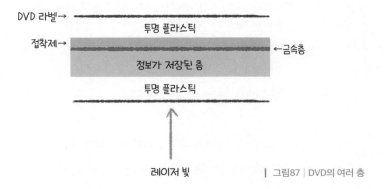

| 그림87 | DVD의 여러 층

여러분도 DVD에서 반사되는 예쁜 무지갯빛을 보신 적 있으시죠? 비 오는 날 길가의 작은 웅덩이에 고인 물의 표면에서도 간혹 빨주노초파남보 무지개가 나타납니다. 자세히 보면 코팅 처리를 한 안경에서도 여러 색이 나타나요. 여기에서는 DVD 표면에서 볼 수 있는 무지갯빛을 물리학으로 설명해 보려 해요. DVD의 정보가 저장되어 있는 층을 현미경으로 보면 짧고 긴 여러 굴곡이 규칙적으로 늘어서 있습니다. 이 굴곡 사이의 거리를 레이저 포인터와 자를 이용해 알아내는 실험도 소개할게요. 둘 다 빛의 간섭 효과를 이용해 설명할 수 있습니다.

---

**파동의 중첩(superposition)과 간섭(interference)**

두 파동이 만나 만들어지는 합성 파동의 변위는 각각의 파동의 변위를 더한 것과 같다는 것이 중첩의 원리다. 파동의 중첩으로 만들어지는 효과를 간섭이라고 한다. 두 파동의 위상이 같거나 360°의 정수 배가 되는 경우에는 변위가 더해져 합성 파동의 진폭이 커지게 되는데 이를 보강 간섭(constructive interference)이라고 한다. 한편, 두 파동의 위상에 180°의 홀수 배 차이가 있다면 변위가 상쇄되어 합성 파동의 진폭이 줄어드는데, 이를 소멸 간섭(destructive interference)이라고 한다.

---

## ● 보강하거나 소멸하는 파동의 중첩

파동을 그린 그림을 보세요. 변위(간단히 말하면 '위치의 변화량')가 가장 높은 위치를 마루, 가장 아래인 위치를 골이라고

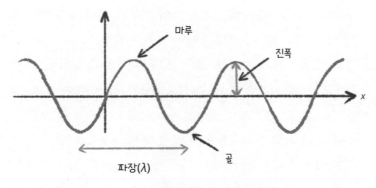

| 그림87 | 파동의 파장, 진폭, 골과 마루. 가로축은 위치, 세로축은 파동의 변위이다.

해요. "산마루에 올라서 내려다본 깊은 골"이라고 말할 때의 바로 그 마루와 골입니다. 마루와 마루 사이의 거리는 골과 골 사이의 거리와 같은데 이를 파장이라고 해요. 그림을 보면 마루와 골 사이는 파장의 절반의 거리(줄여서 반파장)가 되겠군요.

긴 줄을 길게 바닥에 늘어놓고 한쪽 끝을 잡아 좌우로 휙 흔들어 보세요. 줄을 따라서 파동이 진행하는 것을 볼 수 있습니다. 다음에는 두 사람이 줄의 양쪽 끝을 각각 잡고 휙 흔들어 두 개의 파동을 만들어 보세요. 왼쪽 끝에서 만든 파동은 오른쪽으로, 오른쪽 끝에서 만든 파동은 왼쪽으로 진행합니다. 두 파동이 가운데쯤에서 만난 다음에는 두 파동은 또 각각 원래의 방향으로 진행합니다.

이처럼 두 파동이 만나는 위치에서 각각의 파동의 변위를 단순하게 더하면 두 파동이 합해서 만들어 내는 합성 파동(합성파)의 변위가 됩니다. 이를 파동의 중첩이라고 해요. 그냥 두 파동의 변위를 더하면 합성파의 변위가 된다는 간단한 얘기죠. 1+1=2라는 것과 별로 달라 보이지 않죠?

하지만 우리가 숫자를 세는 것과 다른 점이 있어요. 다시 그림을 보세요. 파동의 경우에는 변위가 +1일 수도, 혹은 -1일 수도 있습니다. 만약 두 파동이 한 위치에서 만났는데, 그곳에서 한 파동의 변위는 마루이고 다른 파동의 변위는 골이라면 어떻게 될까요? 이때는 1+(-1)=1-1=0이므로 그곳에서의 합성 파동의 변위는 0이 됩니다. 당구공 두 개가 만나는 충돌과는 정말 다르죠? 파동은 어떨 때는 당구공이 둘이 모여서 두 개의 당구공이 되는 것처럼 행동하지만, 어떨 때는 당구공이 둘이 만나 싹 사라지는 것처럼도 행동해요. 파동과 당구공은 정말 다릅니다.

앞의 파동 그래프를 보면 마치 사인(sin) 함수처럼 보이죠? 사인 함수의 주기는 360°입니다. 사인 함수를 생각하고 파동의 그림을 보면, 우리가 파동의 흐름에서 일종의 각도를 생각할 수 있다는 것을 알게 돼요. 파동에서는 이 각도를 위상(phase)이라고 부릅니다. 마루에서의 파동의 위상은 90°이고, 골에서의 파동의 위상은 270°군요. 두 파동이 만나는 곳에서 각각의 파동의 위상의 차이가 0°나 360°인 경우에 두 파동은 1+1처럼 더해져서 큰 진폭을 갖게 됩니다. 한편, 두 파동의 위상이 180° 차이가 나게 되면, 1-1이 되어서 진폭이 0이 되고요.

두 파동이 만나서 어떤 합성 파동이 되는지는 이처럼 두 파동의 위상의 차이(위상 차)가 얼마나 되는지 생각해 보면 알 수 있어요. 위상 차가 0°나 360°처럼 360°의 정수 배이면 두 파동은 더해져서 진폭이 커지게 되는데, 이를 보강 간섭이라고 해요. 한편 위상 차가 180°처럼 360°의 절반이 되면 두 파동은 뺄셈처럼 되어서 진폭이 0이 됩니다. 이런 방식의 간섭을 소멸 간섭이라고 해요. 소음 제거(노이즈 캔슬링) 헤드폰도 소리의 소멸 간섭을 이용해요. 짧은 시간 녹음한 외부 소음의 위상을 180° 바꿔서 헤드폰 내부에서 재생하는 것이죠. 소음을 소음으로 없애는 재밌는 원리입니다.

## ◗ 얇은 막의 간섭 효과

어떤 물질 표면에 얇고 투명한 막이 있을 때, 막의 윗면에서 반사된 빛(그림88의 빨간색)과 막의 아랫면에서 반사된 빛(파란색)은 서로 간섭해요. 빛도 파동의 한 종류여서 앞에서 설명한 파동의 중첩으로 두 빛의 간섭을 이해할 수 있습니다. 그림의 A 위치에 도달한 빛은 두 갈래로 나뉘어 진행하고, C와 D 이후에는 두 빛이 또 나란히 진행하게 되어서, 두 빛의 위상의 차이는 A에서 각각 C와 D에 도달하는 도중에만 만들어지게 됩니다. 그림을 보면 당연히 거리 AD는 거리 ABC와 다릅니다. A에서 D로 진행한 빛의 위상, 그리고 A에서 굴절해서 B에 도달해 반사해서 C에서 다시 굴절해서 나온 빛의 위상을 구해서 두 빛의 위상 차를 구할 수 있어요. 이 위상 차가 360°의 정수 배가 되면 보강 간섭이 일어나 빛이 밝게 보이는 것이죠.

그런데 빛의 파장이 달라지면 물질의 굴절률도 달라집니다. 따라서 경로 ABC로 이동한 빛의 위상이 파장마다 달라지고, 보강 간섭이 일어나는 조건도 파장에 따라 달라지게 되는 것이죠. 여러 파장이 함께 섞여 있는 빛이 똑같이 A의 위치에 도달해도 우리가 어떤 각도에서 보는지에 따라 다른 색깔을 보게 됩니다. DVD 표면에서 여러 색깔을 띤 무지갯빛을 보게 되는 이유입니다.

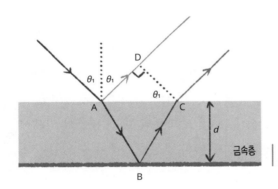

그림88 | 얇은 막에서의 빛의 간섭.

## ● 레이저 포인터로 알아보는 DVD의 정보 저장 간격

앞에서 DVD 디스크 내부의 정보가 저장되는 층에 관한 이야기를 했어요. 이 층에는 우리 눈에 보이지 않는 아주 작은 굴곡들이 규칙적인 간격으로 놓여 있습니다. 혹시 CD나 DVD에 정보를 저장하는 것을 디스크를 '굽는다(burn)'라고 하는 것, 알고 있나요? 디스크 안의 굴곡 부분에 열을 가해서 물리적으로 굴곡의 모습을 변화시키는 방식으로 정보를 저장하는 것이랍니다. 진짜로 마치 도자기 굽듯 열을 이용해서 변형을 만들어 내는 방식으로 정보를 저장하는 것이니까 '굽는다'는 표현은 꽤 그럴듯하죠?

아까 분리해 낸 DVD의 오른쪽 층을 가져다가 투명해 보이는 곳에 레이저 포인터의 불빛을 보내 봤습니다. 제가 가지고 있는 녹색 레이저 포인터의 설명 라벨을 보니 파장이 532nm(나노미터)라고 적혀 있습니다.

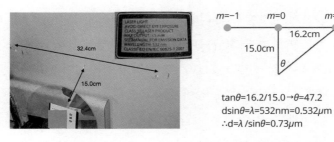

| 그림89 | DVD에 레이저 포인트의 불빛을 보내는 실험으로 직접 계산해 본 디스크 굴곡의 간격.

투명한 부분에 한 줄기 레이저 빛을 통과시켰는데 흰 벽에 레이저 불빛이 세 개 보이죠? 벽에 비친 세 불빛 사이의 간격을 자로 재고 DVD와 벽 사이의 거리를 재면, 이를 이용해서 DVD의 정보 저장층 안, 굴곡 사이 간격이 얼마나 되는지 계산해 볼 수 있습니다. 빛의 회절을 이용해서 계산해 보니 730nm쯤 되는군요. 어떻게 이런 일이 생기는지는 물리 장난

감 플러스에서 자세히 설명해 두었습니다.

현미경이 없다면 직접 눈으로 볼 수 없는 이처럼 작은 간격을 빛의 회절 현상을 이용해서 알아낼 수 있다는 것이 신기하지 않나요? 방금 선보인 실험처럼 아주 짧은 거리의 변화를 측정할 때는 이처럼 빛의 간섭을 이용할 때가 정말 많아요. 움직이는 관찰자가 보든 정지한 관찰자가 보든 빛의 속도는 모두 같다는 것을 명확히 보인 마이컬슨-몰리 실험도, 그리고 2016년 성공을 거둔 정밀한 중력파 관측 실험도, 빛의 간섭을 이용해서 멋지게 성공한 것이죠.

혹시 '블루 레이저'라고 들어 봤나요? 디스크 안에 정보를 더 촘촘하게 저장할수록, 더 짧은 파장의 레이저 불빛을 이용해야 정보를 읽을 수 있습니다. 그리고 파란색의 블루 레이저가 더 파장이 짧죠. CD는 DVD로, 그리고 블루레이(Blue-ray) 디스크로 발달했습니다. 찾아보니 CD와 DVD와 블루 레이저의 정보 저장 간격은 각각 1600nm, 740nm, 320nm, 그리고 빛의 파장은 각각 780nm, 650nm, 405nm라고 하네요. 기술 발달로 정보 저장 간격이 더 조밀해지면서 점점 더 짧은 파장의 레이저 빛을 쓰게 되었다는 것을 확인할 수 있습니다. 이번에 DVD를 가지고 한 간단한 회절 실험에서 제가 얻은 정보 저장 간격은 730nm였습니다. 인터넷에서 확인한 DVD의 740nm 간격과 거의 비슷하군요. 이번 실험은 이 정도면 성공!

# 물리 장난감
## 플러스

### ● 빛의 회절과 보강 간섭

물리학 교과서를 보면 빛의 간섭과 회절을 별개의 현상처럼 다뤄요. 하지만, 광원이 두 개 정도로 몇 개 없을 때는 간섭이라 하고 여러 빛줄기가 함께 만들어 내는 중첩의 효과는 회절이라고 부를 뿐, 간섭이나 회절이나 그 원리는 똑같습니다. 둘 모두 파동인 빛의 중첩 때문에 만들어지는 효과입니다.

앞에서 선보인 실험에서 제가 레이저 포인터로 발사한 녹색 빛은 DVD의 정보가 저장되어 있는 여러 굴곡을 통과해서 진행합니다. 굴곡의 높낮이가 달라서 레이저의 빛이 더 잘 투과하는 부분이 있는데, 이렇게 빛이 잘 투과하는 부분 사이의 거리가 일정하다고 가정하면 위 그림의 왼쪽 상황을 적용할 수 있게 됩니다. 이렇게 일정한 간격으로 규칙적으로 틈이 늘어서 있는 격자를 회절 격자라고 해요. DVD 디스크의 정보 저장층이 회절 격자와 정확히 같은 것은 아니지만, 디스크에서 일어나는 빛의 회절 현상을 그림의 왼쪽 부분의 상황으로 어림해서 이해할 수 있습니다.

왼쪽에서 빨간색 상자로 표시한 부분을 확대해서 그린 것

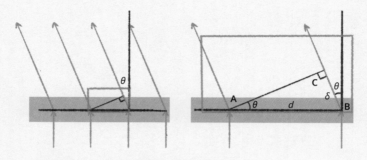

| 그림90 | 회절 격자의 회절을 이용한 DVD 굴곡 간격 계산.

이 오른쪽입니다. 이 그림에서 두 빛이 진행하는 경로를 비교해 보죠. 아래 방향에서 들어와 A와 B에 도달한 레이저 빛은 당연히 같은 위상을 갖습니다. 한편, A에서 위로 뻗어 나간 빛과 C부터 위로 뻗어 나간 빛은 평행해서 흰 벽에 도달할 때까지 이동한 거리가 같죠. 결국 두 빛이 이동한 거리의 차이는 삼각형 ABC의 한 변의 길이인 δ(델타)와 같다는 것을 알수 있어요. 그리고 이 거리 δ가 파장 λ의 정수 배와 같다면, 두 빛이 이동한 경로의 길이는 달라도 같은 위상을 갖게 되어 보강 간섭을 하게 되겠죠. 그림 오른쪽의 삼각형에서 $\delta = d \cdot \sin\theta$ 이므로, 결국 보강 간섭이 일어나는 조건은 다음의 식으로 적을 수 있습니다.

$$d\sin\theta = m\lambda \ (m=0, \pm1, \pm2, \ldots)$$

그림89를 다시 보시죠. 벽에 비친 세 개의 녹색 불빛 중 가

운데에 있는 것은 레이저 빛이 직진했으므로 $\theta=0$, $m=0$에 해당합니다. 그리고 왼쪽과 오른쪽에 있는 빛은 각각 $m=-1$과 $m=1$에 해당하죠. 실험에서는 왼쪽과 오른쪽 두 빛 사이의 거리를 재서 절반으로 나누어 16.2cm의 값을 얻었고, DVD와 흰 벽 사이의 거리도 자로 재서 15.0cm라는 값을 얻었어요. 이 두 거리를 이용해서 $\theta$를 구하고 이를 위에서 얻은 보강 간섭 조건 수식에 대입하면 DVD의 정보 저장 층의 굴곡 사이 거리 $d$를 구할 수 있습니다. 제가 구했을 때는 730nm라는 결과를 얻을 수 있었습니다. 앞의 수식을 다시 보죠. 사인 함수의 값이 $-1$과 $+1$ 사이에만 가능하다는 것을 생각하면, 왜 벽에 비친 밝은색 불빛이 딱 세 개만 있는지 알 수 있어요. 여러분도 한번 생각해 보세요. 왜 불빛이 다섯 개는 될 수 없을까요?

# 언제 어디서나
## 일식을 관찰하는 법

**일식과
바늘구멍 사진기**

　　　　　과학 실험 시간에 바늘구멍 사진기를 만들어 본 적 있나요? 먼저, 검은색 두꺼운 종이를 접어서 길다란 사각기둥 모양으로 양쪽이 열린 두 상자를 만들어요. 한 상자의 한쪽 열린 면에는 압정으로 아주 작은 구멍을 낸 검은색 종이를 붙이고, 다른 상자의 한쪽 열린 면에는 빛이 일부 통과할 수 있는 반투명 흰색 종이를 붙이죠. 그리고는 한 상자가 다른 상자를 밖에서 둘러서 감싸도록 둘을 연결하면 바늘구멍 사진기가 완성됩니다. 작은 구멍이 있는 쪽을 촛불로 향하면서 구멍과 반투명 종이 사이의 거리를 조절하면 촛불의 상이 흰색 종이에 비쳐요. 기억할지 모르겠지만, 바늘구멍 사진기가 보여 주는 촛불의 상은 위와 아래가 뒤집혀 있는 모습입니다.

## ● 바늘구멍은 작지만 너무 작지 않게

저도 오랜만에 이 실험을 다시 해 봤습니다. 작은 구멍을 둥근 모양으로 잘 내야 해요. 제가 제대로 하지 못했는지, 상이 아주 깨끗하게 맺히지는 않더군요. 아래 사진처럼 말이죠. 하지만 촛불 모양이 스크린에 뒤집혀 있는 모습으로 비치는 것은 볼 수 있었어요. 두 개의 촛불 상이 있는 이유는 제가 구멍을 검은색 종이에 두 개 뚫어서 그렇습니다. 여러분도 한번 해 보세요. 아주 간단한 실험이랍니다.

그림91 | 바늘구멍 사진기로 본 촛불.

바늘구멍 사진기는 영어로는 핀홀 카메라(pinhole camera)라고 해요. 핀(pin)으로 구멍(hole)만 내도 사진기처럼 이미지

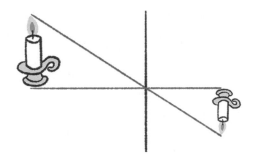

그림92 | 바늘구멍 사
진기의 원리.

를 만들어 낼 수 있는 장치죠. 그림92를 보세요. 빛은 일직선
으로 진행한다는 것을 생각하면, 작은 구멍을 통과해서 반대
쪽 스크린에 비친 촛불의 모습은 위와 아래가 뒤집힌 모양일
수밖에 없다는 것을 쉽게 이해할 수 있습니다. 스크린에 상
이 깨끗하게 만들어지도록 하려면 바늘구멍 사진기의 구멍
은 작아야 해요. 구멍이 크면 촛불 쪽의 한 위치에서 출발한
빛살(광선)이 구멍을 통과해서 스크린의 여러 곳에 도달해 상
이 흐려지게 됩니다. 그림에 촛불의 위쪽에서 구멍으로 진행
하는 파란색 직선을 하나 그려 넣었어요. 하지만 사실 구멍
이 어느 정도 크기가 있으므로, 출발한 위치가 같아도 광선마
다 열린 구멍의 어느 부분을 통과하는지에 따라 여러 직선을
그립니다. 결국 같은 곳에서 출발한 빛이 스크린에 어느 정도
넓은 영역에 도달하게 되고, 따라서 명확한 상이 만들어지지
않게 됩니다. 빛의 직진성만을 생각하면 구멍은 작을수록 좋
은 것이죠.

　하지만 구멍이 너무 작아지면 또 다른 문제가 생기게 됩니

다. 아주 작은 구멍을 통과한 빛은 파동의 회절 현상 때문에 스크린에서 한 점이 아니라 넓게 물결처럼 일정한 패턴으로 퍼져서 도착하거든요. 결국, 구멍이 너무 작아도 스크린에 맺힌 촛불의 상이 회절 현상으로 흐려지게 됩니다.

한편, 구멍을 뚫을 판은 얇은 것이 좋아요. 어느 정도 두께가 있다면 구멍이 있는 판의 단면 어디에 빛이 닿는지에 따라 또 진행 방향이 달라져서 스크린에 맺힌 상이 흐려지게 되거든요. 여러분이 간단한 실험으로 바늘구멍 사진기의 작동을 확인하려면 사실 그리 고민하지 않으셔도 됩니다. 보통 우리가 사용하는 종이에 압정으로 구멍을 뚫기만 해도 원리는 확인할 수 있더군요. 아주 깨끗한 상이 맺히지는 않지만요.

## ● 카메라 오브스쿠라

벽에 작은 구멍을 낸 어두운 방을 만들면 구멍의 반대쪽 벽면에 방 밖의 풍경이 비치게 할 수 있어요. 오래전부터 유럽에서 잘 알려진 카메라 오브스쿠라(camera obscura)라고 부르는 장치죠. 라틴어로 'camera'는 '방'을, 'obscura'는 '어두운'을 의미해서 직역하면 그냥 '어두운 방'이라는 뜻입니다. 카메라 오브스쿠라는 서양 회화에서 원근법을 발견하는 과정에서 중요한 역할을 한 것으로 알려져 있어요. 외부 3차원 공간의 모습이 2차원 벽에 비치면 벽에 비친 모습만 붓으로 잘 따라 그려도 원근감이 잘 드러나는 밑그림을 그릴 수 있어서, 화가 들도 카메라 오브스쿠라를 널리 이용했다고 합니다. 지금도 사진기를 카메라라고 하는 이유도 바로 중세의 어두운 방, 카메라 오브스쿠라에서 온 것이죠.

그림93 | 카메라 오브스쿠라를 그린 제임스 오스코프의 일러스트 (1775).

## ● 다양한 방법으로 일식 관찰하기

2020년 6월 21일에 달이 해의 일부를 가리는 부분 일식을 우리나라에서 볼 수 있었어요. 그날 일식이 일어날 때 저는 운전 중이었습니다. 길가의 사람들이 짙은 색 유리를 통해서 일식이 일어나는 모습을 보고 있었는데, 저에게는 일식을 맨눈으로 볼 수 있는 도구가 없었어요. 하지만 차 안에 오래된 영수증 한 장과 볼펜이 있었죠.

저는 잠깐 차를 세우고 영수증과 볼펜으로 일식을 관찰했습니다. 바로 바늘구멍 사진기의 원리를 이용하는 것이었어요. 영수증을 둘로 찢고, 첫 번째 종이 조각에는 볼펜으로 두 개의 구멍을 뚫었어요. 그리고 두 번째 영수증 조각을 스크린

| 그림94 | 볼펜과 영수증으로 본 일식

으로 이용했죠. 그림94는 제가 이날 차를 세우고 찍은 사진입니다. 상이 깨끗하게 맺히지는 않았지만, 부분 일식이 상당히 진행된 해의 모습을 볼 수 있습니다. 짙은 색 유리를 미리 준비해서 맨눈으로 일식을 볼 수 있다면 더 좋겠지만, 이런 방법으로도 일식을 볼 수 있답니다. 여러분도 다음 일식 때는 꼭 한번 일식을 살펴보세요.

인터넷에서 찾은 다른 사진도 있어요. 울창한 나무에는 수많은 나뭇잎이 있습니다. 그리고 나뭇잎 사이 얼핏얼핏 작은 틈으로 햇빛이 진행하죠. 이 작은 틈들은 바늘구멍 사진기의 작은 구멍 같은 역할을 하게 됩니다. 결국, 일식이 일어날 때 나무가 드리운 그림자 안에는 수많은 해의 모습이 만들어지게 됩니다. 이 방법도 바늘구멍 사진기의 원리를 이용한 것이랍니다.

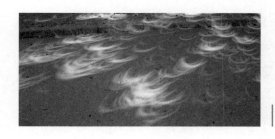

| 그림96 | 나무 그늘에 비친 일식 모습.

휴대폰 카메라로도 일식을 찍을 수 있습니다. 영수증과 볼펜으로 일식 사진을 찍은 날, 집에 도착했더니 여전히 일식이 진행 중이었어요. 그림 96은 제가 휴대폰 카메라로 그날 두 번째로 찍은 일식 사진입니다. 해를 카메라로 찍으면 빛이 너무 강해서 해의 정확한 모습을 볼 수 없지

그림96 │ 휴대폰 카메라의 렌즈 플레어를 이용한 일식 촬영.

만 사진을 유심히 보시면 아래쪽 창가 한쪽에 일식이 일어나고 있는 예쁜 노란색 해의 모습이 찍힌 것을 볼 수 있습니다. 어떻게 이렇게 되는 걸까요?

휴대폰 카메라에는 렌즈가 여럿 들어 있어요. 그리고 대부분의 빛은 초점에 잘 모입니다. 하지만, 여러 렌즈를 조합하다 보니 일부의 빛은 다른 경로로 진행해서 카메라 이미지의 구석에도 초점을 맺게 됩니다. 이런 현상을 일반적으로 '렌즈 플레어'라고 불러요. 사실 정말 정확히 렌즈를 설계했다면 없어야 할 일종의 부산물이나 부작용 같은 것이죠. 렌즈로 들어온 빛의 극히 일부만 렌즈 플레어 효과로 다른 곳에 상을 만들기 때문에, 보통 사진으로는 우리가 이 효과를 잘 알아볼

수 없어요. 하지만 해를 찍을 때는 다릅니다. 해가 워낙 밝다 보니깐 이렇게 옆길로 새서 진행한 나머지 빛도 어느 정도 강해서 이미지가 사진에 남게 되는 것이죠. 완벽하게 딱 하나의 초점만을 갖는 렌즈를 만들기 어렵다는 현실적인 어려움을 거꾸로 이용하는 방법으로 이렇게 일식 사진을 찍을 수 있다는 것이 재밌지 않나요? 지금까지 소개한 여러 방법 중 하나를 골라, 여러분도 다음 일식 때 한번 사진을 남겨 보길 바랍니다.

# 로또 당첨자 수로
## 판매량을 추측할 수 있다?

확률·통계와
골턴 보드

혹시 로또 사 보신 적 있나요? 지금까지 1,000번 이상의 로또 추첨이 배출한 1등 당첨자는 7,000~8,000명이었다고 하는군요. 매주 평균 약 7~8명 정도의 1등 당첨자가 있었다는 이야기가 되네요. 저도 지금까지 한 열 번 정도는 로또를 사거나 선물 받았어요. 누군가는 1등에 당첨되는데, 저 그리고 이 글을 읽는 여러분은 왜 단 한 번도 당첨되지 않았을까요?

이 질문에 답하기 위해 꼭 필요한 것이 확률과 통계에 대한 이해입니다. 이번에는 실험을 통해서 확률과 통계를 직접

| 그림97 | 골턴 보드.

확인해 볼 수 있는 골턴 보드(Galton board)를 소개합니다.

## ● 하나는 몰라도 여럿은 알 수 있는 통계의 힘

이 장난감에 이름을 남긴 과학자는 프랜시스 골턴(1822~ 1911)입니다. 진화론의 창시자 찰스 다윈의 사촌이기도 하죠. 골턴은 다윈의 자연 진화론을 인간 사회로 확대 해석한 사회 진화론자이자, 인위적인 개입으로 우수한 인종을 만들 수 있다고 주장한 우생학자입니다. 수많은 과학자가 반박한 끝에 현재 우생학은 역사의 뒤안길로 사라졌지만, 20세기에는 나치즘의 근간이 되기도 했어요. 과학자라고 해도 얼마든지 잘 못된 가치관으로 그릇된 과학을 할 수 있다는 교훈을 현대의 과학자에게 남겨 준 셈이죠.

비록 오명을 갖게 되었지만, 골턴의 연구 중 아직 회자되는 것도 있습니다. 그의 1907년 논문에는 'Vox Populi', 곧 '민

중의 목소리'라는 라틴어 제목이 붙어 있는데요, 이 단어는 요즘 말로 대중의 지혜(wisdom of crowds), 혹은 집단 지성(collective intelligence)으로 옮길 수 있을 겁니다. 독립적이고 주체적으로 판단하는 여러 사람의 의견을 잘 모으면 집단 전체가 상당히 합리적인 결과를 얻을 수 있다는 이야기예요. 논문에서 그는, 소가 거래되는 영국의 우시장에서 사람들에게 황소를 보여 주면서 몸무게를 각자 예측해 종이에 적어 제출하도록 한 다음 그 수치를 모두 모아 평균값을 구했더니 실제 황소의 몸무게와 놀라울 만큼 가까웠다는 사례를 발표합니다. 골턴은 이처럼 확률과 통계에 관심이 많았어요.

골턴 보드에는 수많은 쇠구슬이 들어 있습니다. 골턴 보드를 뒤집어 쇠구슬을 한데 모은 다음 다시 뒤집으면 쇠구슬들이 우르르 아래로 떨어져 내려갑니다. 쇠구슬은 아래로 내려가면서 보드 안에 규칙적으로 배열된 짧고 단면이 둥근 플라스틱 막대에 충돌하게 되는데, 충돌한 다음에는 막대의 왼쪽 또는 오른쪽으로 방향을 바꿔 떨어집니다. 이렇게 여러 막대와 차례로 충돌하면서 아래로 떨어진 쇠구슬들은 칸막이로 나뉜 하단의 여러 칸에 차곡차곡 쌓이게 됩니다. 모든 쇠구슬이 떨어진 다음에 각각의 칸에 얼마나 많은 구슬이 쌓여 있는지 눈으로 쉽게 확인할 수 있는 장난감이에요.

제가 가지고 있는 골턴 보드에는 가운데가 높고 양쪽으로 가면서 높이가 줄어드는 종 모양의 노란색 곡선이 그려져 있는데, 신기하게도 아래에 차곡차곡 쌓인 구슬들이 만드는 모양이 이 노란색 곡선을 잘 따르는 것을 볼 수 있답니다. 각각의 쇠구슬은 매번 플라스틱 막대에 부딪쳐 마구잡이로 방향을 바꾸는데, 전체 쇠구슬이 쌓여 있는 모습은 실험을 여러 번 해도 항상 거의 같은 모습입니다.

이 간단한 장난감에서 우리는 통계의 힘을 명확히 볼 수 있어요. 위에서 떨어지기 시작한 구슬 하나는 최종적으로 어느 칸에 들어갈지 미리 알 수 없지만 많은 구슬이 모이면 통계적인 규칙성을 보여 주게 됩니다. 하나는 몰라도 여럿에 대해서는 알 수 있다는 이야기죠. 마구잡이 성질에서 저절로 통계적인 규칙성이 만들어질 수 있다는 것을 직접 볼 수 있는 재미있는 장난감입니다.

## ● 골턴 보드와 동전 던지기

골턴 보드에서 떨어져 내려가고 있는 구슬 하나를 생각해 봅시다. 구슬은 막대에 부딪치면서 어떨 때는 왼쪽으로, 어떨 때는 오른쪽으로 방향을 바꿉니다. 구슬이 바닥에 도착할 때까지 왼쪽으로 방향을 바꾼 횟수와 오른쪽으로 방향을 바꾼 횟수가 같다면 아래의 여러 칸 중 한가운데에 있는 칸에 도달하게 됩니다. 한편, 매번 막대에 부딪칠 때마다 연이어 왼쪽으로 방향을 바꾼다면 가장 왼쪽에 있는 칸에 떨어지겠죠?

그렇다면 골턴 보드 실험에서 왜 한가운데에 구슬이 가장 많이 쌓이고, 왼쪽 끝과 오른쪽 끝에는 적게 쌓이는지 쉽게 설명할 수 있습니다. 왼쪽과 오른쪽을 오가면서 방향을 바꾸는 상황이 계속 왼쪽으로만 가거나 계속 오른쪽으로 갈 때보다 훨씬 자주 발생하기 때문인 것이지요. 어떤 일이 다른 일보다 더 자주 일어나면 우리는 둘을 확률을 이용해서 비교합니다. 골턴 보드 실험에서, 여러 칸 중 가운데에 구슬이 도달할 확률이 왼쪽 끝이나 오른쪽 끝에 구슬이 도달할 확률보다 크다는 것을 우리는 직접 눈으로 확인할 수 있습니다.

같은 원리를 가지고 다른 실험을 할 수도 있어요. 바로 동전을 여러 개 던지는 것이죠. 동전의 앞면이 나오는 사건을 골턴 보드에서 구슬이 왼쪽으로 방향을 바꾸는 것에, 동전의 뒷면이 나오는 사건을 구슬이 오른쪽으로 방향을 바꾸는 것에 대응시켜 볼 수 있어요. 제가 직접 10개의 동전을 던져 보았더니 앞면과 뒷면이 거의 같은 횟수로 나오는 것을 확인할 수 있었습니다. 골턴 보드에서 여러 칸 중 한가운데에 구슬이 높이 쌓인 것과 정확히 대응하는 결과랍니다. 골턴 보드에서 왼쪽 끝 칸에 구슬이 별로 없는 것처럼 동전을 던졌을 때 모두 앞면이 나오기는 어려워요.

## 답이 정해져 있는 사다리 게임

종이에 펜으로 사다리를 그려서 하는 사다리 타기 게임 모두 아시죠? 이번에 소개하는 장난감은 정말로 사다리 모양입니다. 사람 얼굴이 양면에 그려진 작은 인형도 함께 이용하는

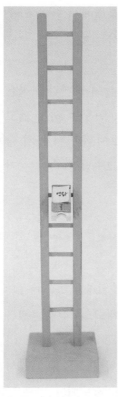

그림98 | 두근두근 스릴 넘치는 사다리 장난감

장난감입니다. 사다리의 맨 위에 작은 인형을 올리고 가만히 놓으면 이 인형이 사다리의 한 칸씩 회전하면서 내려갑니다. 그런데 앞 방향으로 돌 수도 뒤 방향으로 돌 수도 있어요. 결국 앞 방향 회전과 뒤 방향 회전이 마구잡이로 일어나서, 사다리 바닥에 도착할 때는 내가 보는 방향에서 인형의 앞면이 나타날지 뒷면이 나타날지 예상할 수가 없죠. 두 가지 중의 하나를 선택해야 할 때, 이 장난감을 이용하면 스릴 넘치는 결과를 얻을 수 있습니다.

처음 이 장난감을 구입했을 때는 사다리 바닥에서 인형의 앞면과 뒷면이 마구잡이로 같은 확률로 나올 것으로 짐작했습니다. 인형 한쪽에는 '영화'를, 반대쪽에는 '공부'를 써 붙이고 '영화'가 적힌 면이 제게 보이는 방향으로 시작하면 사다리 바닥에서는 각각 50%의 확률로 '영화' 또는 '공부'가 나올 것이라 믿었죠. 그런데 막상 실험해 보니, '영화'에서 시작하면 항상 '영화'가 나오더군요. 왜일까요? 마구잡이로 사건이 벌어지는 것처럼 보이지만, 사실 사다리 각각의 가로대에서 인형이 앞, 뒤, 어떤 방향으로 회전해도 결국 바닥에서는 항상 같은 모습을 보여 주는 장난감이더라구요.

왜 이런 결과가 나오는지 이해하고 나니, 이 장난감을 작은 속임수로 쓸 수 있다는 것을 깨달았어요. 연구는 하기 싫고 영화를 보러 가고 싶을 때, 이 장난감을 보여 주면서 마치 둘 중 하나를 임의로 결정하는 것처럼 동료교수님을 속이는 거죠. 다음에 한번 해 보려구요.

## ● 로또 1등 당첨자 수로 로또 판매량을 알 수 있다?

우리나라의 로또에서는 45개의 숫자 중 6개를 맞추면 1등에 당첨되어 큰 상금을 받게 됩니다. 45개의 숫자 중 6개를 고를 때 가능한 모든 경우의 수는 814만 5,060가지입니다. 따라서 내가 구입한 로또 한 장이 1등에 당첨될 확률은 따라서 약 800만 분의 1이죠. 만약 내가 800만 장 정도의 로또를 구매해 각기 다른 번호를 고른다면 거의 확실히 1등에 당첨됩니다. 하지만 800만 장을 구매하기 위해 지출하는 돈이 1등 당첨금보다 더 클 수 있다는 것이 문제죠. 결국 우리는 로또 한 장을 구매하고, 그 경우 1등 당첨을 기대하기는 정말 어렵습니다.

하지만 우리나라에서 일주일에 800만 장 정도의 로또가 팔린다면 누군가 한 명 정도는 로또에 당첨됩니다. 이처럼 아주 확률이 낮은 사건이라도 여러 사람이 함께 참여하면 당연히 누군가에게는 그 사건이 발생할 수 있습니다. 그 사람이 내가 아닌 것이 문제죠. 우리나라의 로또 1등 당첨자는 매주 7~8명 정도이니까, 이를 이용하면 매주 몇 장의 로또가 팔리는지 계산할 수 있어요. 약 5,000만~6,000만 장이나 되는군요. 우리나라에서는 평균 1인당 1장 정도씩 로또를 구매한다는 이야기입니다. 그것도 매주요! 저나 이 글을 읽고 있는 독자 대부분은 로또를 매주 사지는 않을 텐데도 이처럼 로또 판매량이 많다는 것은, 매주 상당히 많은 로또를 구매하는 사람들이 있다는 말이 됩니다.

또한 과거에 아무리 많은 돈을 로또 구매에 소비했다고 해도, 이번 주 로또에 당첨될 확률이 달라지는 것이 결코 아닙니다. 태어나서 오늘 처음 로또를 산 사람이나 지금까지 1,000만 원을 로또 구매에 쓴 사람이나, 이번 주 로또 1등 당첨 확률은 정확히 똑같습니다.

로또에 당첨되면 뭘 하고 싶나요? 상상만 해도 행복한 고민이네요. 로또 수익금 일부는 공익 목적으로 쓰이니까 로또를 사는 게 마냥 건전하지 않은 것은 아니에요. 하지만 로또를 살 때에는 유효 기간 일주일 정도의 작은 기쁨 정도만 기대하길 바랍니다. 매주 누군가가 로또에 당첨된다는 것은 확률이 보장하는 사실이지만, 그 당첨자가 우리 중 하나가 되기란 정말 어렵다는 것도 확률이 알려 주거든요.

# 물리 장난감
## 플러스

● 골턴 보드와 이항 분포

수식 $3x$는 항이 한 개, $2x+5y$는 항이 두 개죠. 통계학의 이항 분포에서 '이항'은 항이 두 개라는 뜻입니다. 항이 두 개인 식을 여러 번 곱했을 때 나오는 항들이 이항 분포와 깊이 관계됩니다. $(p+q)^n$을 생각해 볼게요. 만약 $n=2$이면, $(p+q)^2=p^2+2pq+q^2$이군요. 순서대로 적으면 각 항의 계수가 $(1,2,1)$이 됩니다. $n=3$이면, $(p+q)^3=p^3+3p^2q+3pq^2+q^3$이고 계수들을 순서대로 적으면 $(1,3,3,1)$이군요.

이 이야기를 좀 더 일반화해 볼 수 있어요. $(p+q)^n$을 길게 풀어 전개하면 여러 항이 나옵니다. 이 중 $p^kq^{n-k}$의 꼴을 가진 항의 계수는 어떤 값이 나올까요? $(p+q)^n=(p+q)\cdot(p+q)\cdot(p+q)\cdot(p+q)\cdots$의 꼴로 적고 생각해 봅시다. 전개해서 나오는 첫 번째 항 $p^n$의 계수는 1이 된다는 것을 금방 알 수 있어요. $n$개의 $(p+q)$ 중에서 매번 $q$가 아닌 $p$를 골라서 곱하면 되니까요. 한편 $p^{n-1}q^1$의 계수는 무엇일까요? $n$개의 $(p+q)$ 중에서 딱 한 번 $q$를 고르고 나머지 경우에는 $p$를 골라서 곱하는 것이어서, 한 번 $q$를 고르는 가짓수가 모두 몇 개인지 생각하면 됩니다. 모두 $n$개의 $(p+q)$가 곱해지는 것이니까 당연히 모두 $n$개의 경우가 있습니다. 따라서 항 $p^{n-1}q^1$의 계수는 $n$이 됩니다. 이 논의를 쉽게 일반화할 수 있어요. 결국 항 $p^kq^{n-k}$의 계수는 전체 $n$개의 $(p+q)$ 항에서 $n-k$번 $p$를 고르고, $k$번 $q$를 고르는 경우의 수가 됩니다. 바로 ${}_nC_k$죠. 여기서 $C$는 고등학교 수학에서 배우는 조합(combination)입니다. $n=3$이면, ${}_3C_0=1$, ${}_3C_1=3$, ${}_3C_2=3$, ${}_3C_3=1$이어서 앞에서 식을 전개해서 얻은 계수 $(1,3,3,1)$과 같군요.

자, 이제 $n$개의 동전을 던졌을 때, 앞면이 $k$번 나올 확률을 생각해 봅시다. 동전 하나를 던져서 앞면이 나올 확률 $p$는 $\frac{1}{2}$, 뒷면이 나올 확률 $q$는 $\frac{1}{2}$이어서 $p=q=\frac{1}{2}$이고, $n$개의 동전 중 앞면을 보이는 $k$개의 동전을 고르는 경우의 수는 ${}_nC_k$이어서, 결국 이 확률은 ${}_nC_kp^kq^{n-k}={}_nC_k(\frac{1}{2})^n$이라는 결과를 얻게 됩니다. 두 개의 항을 가진 식을 $n$번 곱한 것을 전개하면 나오게 되는 각각의 항에 정확히 대응해서, 이 확률 분포를 통계학에서는 이항 분포(binomial distribution)라고 해요. 동전 열 개를 던질 때 앞면이 $k$번 나올 확률을 이제 이항 분포를 이용해 계산해 볼 수 있어요. 모두 앞면($k=10$)이 나올 확률은 0.001 정도네요. 동전 열 개를 던지는 실험을 무려 1,000번은 해야 열 개 모두 앞면이 나오는 상황을 볼 수 있다는 이야기죠. 한편 열 개 중 다섯 개가 앞면을 보일 확률은 약 25%가 되는군요. 네 개가 앞면, 여섯 개가 앞면일 확률은 각각 약 20% 정도고요.

즉, 동전을 열 개 던져서 앞면이 4~6번 나올 확률은 약

65%입니다. 아래에 $n$=4, 10, 100의 경우에 대해서 이항 분포의 확률을 그래프로 그려 봤어요. 그래프를 보면 $n$=10 정도만 되어도 점으로 표시한 동전 던지기의 확률 분포가 오렌지색 곡선과 거의 구별할 수 없을 정도로 비슷한 모습이라는 것을 볼 수 있어요. 제가 함께 그린 오렌지색 곡선이 바로 종 모양의 정규 분포(normal distribution) 곡선입니다. 동전 던지기에서 확인한 이항 분포는 동전을 던지는 횟수를 늘려가면 정규 분포로 수렴한다는 것을 수학적으로 증명할 수도 있습니다. 통계학과 통계 물리학에서 중요한 역할을 하는 '중심 극한 정리(central-limit theorem)'의 한 예죠.

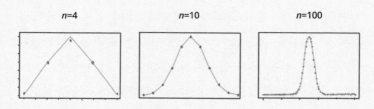

| 그림99 | 동전을 $n$번 던졌을 때 $k$번 앞면이 나올 확률(가로축=$k$).

동전 던지기에서는 앞면과 뒷면, 골턴 보드에서는 왼쪽과 오른쪽이 매번 같은 확률 50%로 발생합니다. 앞에서는 동전 던지기로 설명했지만, 골턴 보드의 쇠구슬도 수학적으로 같은 문제라서, 이 결과는 골턴 보드의 쇠구슬에도 마찬가지로 성립합니다. 골턴 보드에 새겨져 있던 노란색 곡선이 바로 정규 분포 곡선입니다. 골턴 보드의 쇠구슬이 아래쪽 여러 칸에

나뉘어 차곡차곡 쌓인 높이는 바로 그 칸에 구슬이 도착할 확률에 비례하고, 이 확률이 바로 정규 분포의 수학적 꼴을 갖게 된다는 것을 이해할 수 있습니다. 골턴 보드는 이항 분포와 정규 분포, 중심 극한 정리를 우리 눈으로 직접 확인할 수 있는 아주 기발한 장난감입니다.

# 100년 동안의 실험

## 물질의 상태와 퍼티

퍼티 혹은 슬라임이라 부르는 장난감이 있어요. 우리나라에서는 액체 괴물이라고도 하죠. 조물조물 만지면서 이런저런 모양을 쉽게 만들어 낼 수 있어서 아이들에게 아주 인기 있는 장난감인 것 같더군요. 퍼티와 슬라임은 큰 차이는 없어요. 둘 중 더 빽빽해서 뭉치면 고무 공처럼 어느 정도 딱딱한 모습이 되는 것을 보통 퍼티라고 하는 것 같네요.

얼음과 물, 그리고 수증기를 떠올려 볼까요? 이렇게 물질이 가질 수 있는 상태는 보통 고체, 액체, 그리고 기체로 나뉩

그림100 | 자성이 있는 퍼티 장난감.

니다. 그렇다면 과연 퍼티는 액체일까요, 고체일까요? 아니면 둘 다 아닐까요? 액체 괴물이라고 부르는 것을 보면 모습을 쉽게 바꿀 수 있는 액체와 닮았고, 그래도 물처럼 쉽게 흐르지는 못해서 액체라고 딱 잘라 말하기도 쉽지 않아 보입니다. 동전이나 나무토막 같은 우리가 익숙한 고체와는 또 무척 달라 보이기도 하구요. 잠깐, 그런데 고체와 액체는 도대체 무슨 뜻일까요?

고체(solid)와 액체(liquid) 상태
물질이 가질 수 있는 상태 중 고체 상태는 형태와 부피가 일정한 상태다. 한편 액체 상태는 부피가 일정하지만 물질이 담겨 있는 용기의 모양에 따라 형태가 변할 수 있는 상태다. 고체의 내부에서 입자 사이의 거리는 일정하게 유지되며, 액체의 내부에서는 입자의 위치가 변할 수 있다. 고체는 결정 구조를 가진 결정질 고체와 결정 구조를 가지고 있지 않은 비정질 고체로 나뉜다. 대부분의 금속은 결정질 고체이며, 유리는 대표적인 비정질 고체다.

## ● 고체는 아니지만 고체 같은 퍼티

금속으로 만든 동전과 딱딱한 나무토막은 고체(固體)입니다. 영어로는 'solid'라고 해요. 한자와 영어 모두에 단단하고 딱딱하다는 뜻이 담겨 있습니다. 그런데 과학자들은 딱딱하다는 일상의 표현도 좀 더 정확히 정의하려고 하는데요, 어떤 물체가 딱딱하다고 하는 것은 힘을 주어 눌러도 물체가 변하지 않는다는 것을 뜻해요. 그럼 변하지 않는다는 것은 또 무슨 의미일까요? 곰곰이 생각을 이어 가다 보면, 물체를 구성하는 입자들의 위치가 변하지 않음을 뜻한다는 것을 알 수 있어요.

그런데 딱딱한 동전을 책상 위에 가만히 놓고 옆으로 밀면 동전이 움직이고, 손가락으로 돌리면 또 동전의 방향이 바뀌네요. 이처럼 딱딱한 물체라도 그 안 입자의 위치는 변하는군요. 하지만 딱딱한 물체 안 임의의 두 입자 사이의 거리는 변하지 않습니다. 결국 무한히 딱딱한 고체란 그 안 모든 입자 쌍 사이의 거리가 일정하게 유지되는 물체를 뜻합니다. 동전을 옆으로 밀거나 손으로 잡고 회전시켜도 그 안 입자 사이의 거리는 변하지 않죠.

동전과 나무토막은 둘 다 딱딱한 고체가 맞지만, 내부의 구성은 많이 달라요. 구리나 철 같은 원소로 구성된 금속 고체의 경우에는 그 안에 들어 있는 많은 원자가 규칙적으로 배열되어 있는 결정 구조를 가질 때가 많습니다. 금속은 아니지만 소금(NaCl)이나 수정(크리스털)도 결정 구조를 가진 고체가 맞고요. 하지만 나무토막은 내부에 결정 구조를 가지고 있지 않아요. 결정 구조를 갖지 않는 고체를 비정질 고체라고 해요. 우리가 자주 쓰는 유리가 대표적인 비정질 고체죠.

퍼티는 손으로 잡아 천천히 늘이면 그 안의 입자 사이의 거리가 변하니, 고체라고 할 수는 없죠. 하지만 퍼티를 동그랗게 뭉치고 떨어뜨리면 마치 고무공처럼 통통 튀어요. 퍼티를 뭉쳐 놓고 빠르게 망치로 내려치면 단단한 얼음을 깨뜨릴 때처럼 산산조각이 나서 파편이 여기저기로 흩어지기도 해요. 또, 퍼티를 얇게 펼치고는 양손으로 잡고 빠르게 휙 반대 방향으로 잡아당기면 마치 종이처럼 찢어지기도 하죠. 퍼티가 엄밀한 의미에서 고체는 아니지만, 짧은 시간 동안 관찰해 본 결과, 마치 고체처럼 행동합니다.

## ● 액체처럼 흘러내리는 퍼티

유럽의 오래된 성당의 두꺼운 유리창을 보면, 유리창의 아랫부분이 윗부분보다 더 두껍다고 해요. 우리가 살아가는 몇 년 정도의 시간 척도에서 유리는 고체처럼 행동하지만, 아주 긴 시간의 척도에서는 액체처럼 아래로 흘러내리는 것이죠. 퍼티도 사실 마찬가지여서 액체처럼 흐른답니다. 제가 퍼티로 실험해 보았는데요, 공 모양으로 뭉친 퍼티를 틈 위에 올려 놓자 약 21시간 동안 틈 사이로 거의 다 흘러내리더라고요. 점성이 아주 커서 느리게 흘러내릴 뿐 퍼티도 분명히 끈적이는 액체네요. 네, 맞아요. 퍼티는 고체가 아니라 액체입니다. 점성이 아주 큰 액체라고 할 수 있죠.

## ● 퍼티의 느린 평형, 그리고 느린 실험들

유리와 퍼티 같은 물질은 에너지가 가장 낮은 바닥 상태보다 에너지가 높은 상태에 있을 때가 많아요. 시간이 흐르면 천천히 에너지가 낮은 바닥 상태(진정한 평형 상태)에 도달하게 됩니다. 동그랗게 뭉쳐 가만히 놓은 퍼티 덩어리는 중력장 안에 있어서, 시간이 지나면서 중력에 의한 퍼텐셜 에너지가 줄어드는 방향으로 조금씩 변화를 이어 갑니다. 중력에 의한 퍼텐셜 에너지가 가장 낮은 상태는 바닥에 얇고 넓게 펼쳐진 상태죠. 결국 퍼티는 아주 느리게 평형 상태를 향해 나아갑니다. 평형 상태에 도달하는 시간의 척도를 평형 시간(equilibration time)이라고 해요. 우리가 대상을 관찰하는 시간인 관찰 시간(observation time)이 평형 시간보다 아주 짧다면 퍼티는 마치 고체처럼 행동하지만, 관찰 시간이 평형 시간보다 길거나 비슷해지면 퍼티가 평형 상태를 향해 변하는 것을 볼 수 있는 것이죠. 동그랗게 뭉친 퍼티 덩어리의 평형 시간은 하루 정도인 것 같군요. 중세에 건축된 유럽 성당 유리창의 평형 시간은 몇백 년 정도 되는 셈이네요.

퍼티보다 더 점성이 큰 물질도 있겠죠? 석유를 정제할 때 부산물로 만들어지는 피치라는 물질이 있는데요, 이 물질이 방울져서 낙하하는 것을 관찰하는, 거의 100년 가까이 진행되고 있는 유명한 실험이 있습니다. 호주 퀸즐랜드 대학교에서 진행하고 있는 피치 실험은 온라인으로 실시간 생중계되고 있어요(http://www.thetenthwatch.com/). 지금까지 약 100년 동안 아홉 번 피치 방울이 아래로 떨어졌고, 현재 열 번째 방울이 떨어지기를 기다리고 있죠. 실험 홈페이지의 웹 주소가 'thetenthwatch'인 이유입니다. 아홉 번째 방울이 2014년 4월에 떨어졌으니, 다음 피치 방울은 비교적 얼마 안 가(앞으로 한 8년 후?) 떨어질 거라고 하네요. 여러분도 종종 이 홈페이지에서 온라인 생중계를 유심히 살펴보세요. 피치가 방울져서 떨어지는 바로 그 순간을 실시간으로 목격한다면 참 멋진 경험이 될 것 같아요.

그림102 │ The tenth watch 실험 생중계.

일본에서 1973년부터 진행 중인 또 다른 느린 실험도 있어요. 미야자키현의 어느 숲에 중심을 공유하고 지름이 순차적으로 증가하는 총 10개의 동심원을 가정하고, 각 원마다 10°의 중심각 차이를 두고 36개의 나무를 심은 실험입니다. 나무가 잘 자라려면 얼마만큼의 간격이 필요한지 알아내려는 목적이었죠. 현재 상황을 보자면, 나무 사이의 간격이 넓은 가장 바깥쪽 동심원에서 나무의 키가 가장 큰 것을 확인할 수 있네요. 구글 지도에서 위성 레이어를 선택하면 여러분도 그 모습을 찾아볼 수 있어요(https://goo.gl/maps/ZdDDUEprD-4wAtYt27). 'Japan circular forest'라고 검색하면 더 자세한 정보를 찾아볼 수도 있습니다.

어떤 과학 연구는 이처럼 오랜 시간이 필요해요. 마치 이어달리기 하듯이 여러 과학자가 실험을 이어가야 하죠. 이처럼 느린 연구에도 관심과 지원이 필요하다고 생각합니다. 아주 오랜 시간을 기다려야 방울져 떨어지는 피치를 볼 수 있는 것처럼, 장기간 진행되는 연구도 어느 순간 우리에게 큰 도움을 줄 수 있지 않을까요?

# 껌 종이로 전기 회로 만들기

전기 저항과
껌 종이 실험

　　자, 이번에는 껌 종이와 건전지만으로 할
수 있는 간단한 실험을 소개하려 해요. 바로 전기의 힘으로
껌 종이에 불을 붙이는 겁니다. 실험을 따라 하고자 하는 어
린이, 청소년은 꼭 부모님과 함께 하기를 부탁합니다. 위험한
실험은 아니지만 그래도 불이 쉽게 붙을 수 있는 종이 따위의
물체는 모두 탁자 위에서 치우세요. 또 혹시 모르니 불을 끌
물도 한 컵 준비해 주세요.

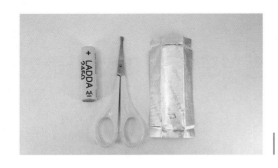

그림102 | 껌 종이 전기회로 준비물.

## ● 껌 종이에 불을 붙여 보자!

먼저 할 일은 껌 종이를 가위로 오려 내는 것입니다. 껌 종이를 절반으로 접고는 가위를 이용해서 펼친 모습이 아래처럼 되도록 오려 내면 됩니다. 왼쪽과 오른쪽 부분은 폭이 넓게, 그리고 다리처럼 양쪽을 연결하는 가운데 부분은 폭이 좁은 모습이 되도록 오리는 것이 요령입니다. 실험에 사용할 껌 종이로는 한쪽은 종이, 반대쪽은 얇게 은색으로 금속이 칠해져 있는 것을 이용해야 합니다. 껌 종이를 오려 냈다면, 껌 종이에서 금속이 얇게 도금된 면을 건전지의 양극과 음극에 연결하면 됩니다.

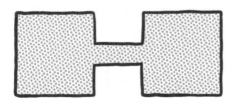

그림103 | 이런 모양으로 껌 종이를 오려 낸다.

저도 직접 실험해 봤습니다. 그런데 첫 번째 불붙이기는 실패했어요. 자, 포기는 없습니다. 껌 종이의 왼쪽과 오른쪽을 잇는 가운데의 다리 부분의 폭을 더 좁게 잘라 내고 실험을 다시 했습니다. 두 번째 실험도 사실 절반의 성공 정도였어요. 껌 종이에 불이 확 붙지는 않았고, 약간의 연기만 나면서 종이가 검게 변했죠. 요약하자면 중간 부분 다리의 폭이 넓을 때는 실험이 실패했고, 다리의 폭이 좁아지니 불이 붙었습니다. 다리의 폭에 따라 결과가 달라진 이유는 무엇일까요?

---

**전기 저항(electric resistance)**
양쪽에 전위차 $\Delta V$가 있으면 물체에는 그에 비례하는 전류 $I$가 흐른다($\Delta V = R \cdot I$)는 것이 옴의 법칙(Ohm's law)이다. 옴의 법칙에 등장하는 비례 상수인 전기 저항 $R$은 물체의 길이 $L$에 비례하고 단면적 $A$에 반비례($R = \rho \cdot \frac{L}{A}$)하는데, 비례 상수인 비저항(resistivity) $\rho$(로)는 물체의 크기와 모습에 무관한 물질의 고유한 전기적 성질이다.

---

## ● 전위차와 전류는 비례한다

물체의 양쪽에 전압(혹은 전위차)을 걸어 주면 전류가 흐르게 됩니다. 전류는 전기 전하를 가진 무언가(전하 나르개[charge carrier])가 움직이는 현상입니다. 금속의 경우, 주로 음(-)의 전하량을 가진 전자가 전하 나르개가 되어서 전류를 만들어 냅니다. 양쪽에 같은 전압을 걸어 주어도 어떤 물체는 전류가 잘 흐르고, 어떤 물체는 전류가 전혀 흐르지 못하기도 해요. 전류가 잘 흐르는 물질을 전도체(conductor), 전류가 잘 흐르지 못하는 물질을 부도체(insulator)라고 합니다.

원자는 양의 전하량을 가진 원자핵과 음의 전하량을 가진 전자들로 구성되어 있어요. 그런데 금속 원자들이 가진 전자 중 원자핵으로부터 먼 거리에 있는 전자들은 원자핵에서 쉽게 떨어질 수 있습니다. 금속을 이루는 원자들은 규칙적으로 정렬해서 결정 구조를 가지게 되고, 각각의 원자에서 쉽게 떨어져 움직일 수 있는 전자들은 한 원자에 붙박여 있지 않고 결정 안에서 아무 위치에나 있을 수 있게 됩니다. 이런 전자를 자유 전자(free electron)라고 불러요. 자유 전자가 많은 금속의 경우에는 작은 전압이 걸려도 전자들이 한쪽으로 자유롭게 흐를 수 있어서 큰 전류를 만들어 낼 수 있습니다. 과학 시간에 배우는 옴의 법칙은 전위차(혹은 전압)와 전류 사이에 서로 비례하는 관계가 있다는 점을 말합니다.

## ● 손끝으로 부도체와 전도체를 구분하는 방법

자유 전자가 많아서 쉽게 전류가 흐르는 전도체 물체의 양쪽에 전위차가 아니라 온도 차를 만들어 주면 어떤 일이 생길까요? 금속에 있는 자유 전자들은 열을 전달하는 데에도 큰 역할을 하게 됩니다. 온도가 높은 쪽에서 더 큰 운동 에너지로 열운동을 하게 된 전자들이 금속 안의 다른 전자들과 충돌해서 다른 친구들도 운동 에너지가 더 커지게 되고, 이 과정이 연이어 발생하면서 한쪽에서 다른 쪽으로 열이 전달됩니다. 여기저기로 쉽게 움직일 수 있는 입자가 전혀 없다면 열 전도는 일어나지 않아요. 보온병이 따뜻한 음료를 식지 않게 오래 보관해 주는 것은 안쪽 용기와 바깥쪽 용기 사이 공간이 진공에 가까운 상태이기 때문이에요.

마구잡이로 열운동을 할 수 있는 입자가 많을수록 열이 잘 전달된다는 점을 생각하면, 훌륭한 전기 전도체인 금속이 동시에 훌륭한 열 전도체라는 것을 이해할 수 있습니다. 우리가 금속에 손을 대면 차갑다고 느끼는 것이 바로 이 이유랍니다. 실내 온도보다 온도가 높은 손끝에서 금속 쪽으로 열이 빠르게 전달되어서 손끝의 온도가 빠르게 내려가거든요. 한편 나무토막이나 이불은 부도체고 따라서 열도 잘 전달해 주지 않습니다. 손끝을 대면 차갑게 느껴지지 않는 것이죠. 따라서 손끝을 대었을 때 차갑게 느껴지면 전도체, 차갑게 느껴지지 않으면 부도체입니다. 물체의 전기 저항을 손가락으로 어림짐작해 볼 수 있는 간단한 방법입니다.

## ● 물체의 모양에 따라 달라지는 전기 저항

전위차로 인해 전류가 흐르는 것을 압력의 차이로 인해 물과 같은 유체가 흐르는 것에 비유할 수 있어요. 압력 차가 양쪽에 있다면 압력이 높은 쪽에서 낮은 쪽으로 유체가 흐르게 됩니다. 압력 차가 클수록 흐르는 유체의 양이 많아지겠죠? 빨대로 물을 마시는 것을 생각해 보면 됩니다. 빨대의 한쪽 끝을 입안에 넣고 다른 쪽 끝을 컵에 담긴 물 안에 넣어요. 물이 있는 빨대의 한쪽 끝의 압력은 대기의 압력인 1기압에 가깝습니다. 이어서 입안의 압력을 낮추면 빨대 양쪽 끝 사이에 압력 차이가 생겨서 컵에서 입 쪽으로 물이 이동하게 되는 것이죠.

아주 가는 빨대를 쓰면 물 마시기가 어렵겠죠? 맞습니다. 원기둥 모양으로 길쭉한 빨대의 단면적이 작아지면 흐르는 물의 양이 적어집니다. 또 같은 단면적이라도 빨대가 길면 물을 마시기가 어렵겠죠? 맞아요. 따라서 빨대로 물을 마실 때, 컵에서 입 쪽으로 흐르는 물의 양은 빨대의 단면적에 비례하고 빨대의 길이에는 반비례하게 됩니다.

빨대에 비유하면 전기 저항도 직관적으로 이해할 수 있어요. 전기 저항을 만들어 내는 물체가 긴 원기둥 모양이라고 생각하고 원기둥의 양쪽에 건전지를 이용해서 전위차를 만들면, 흐르는 전류의 양은 물체의 단면적에 비례하고 물체의 길이에 반비례하게 됩니다. 전기 저항은 전류가 잘 흐르면 작은 값을, 전류가 잘 흐르지 못하면 큰 값을 갖는 양이어서, 물체의 전기 저항은 거꾸로 물체의 단면적에 반비례하고 길이에 비례한다는 결과를 얻게 됩니다. 길이가 같다면 단면적이 작을수록 전기 저항이 크게 되는 것이죠.

저항을 연결하는 방식에 따라 전체 저항이 달라지는 것 역시 이 원리로 설명할 수 있습니다. 전기 저항이 같고 모습과 크기도 같은 두 물체를 옆으로 나란히 늘어놓고 왼쪽 끝과 오른쪽 끝에 건전지를 연결하면 전류는 두 물체를 연이어 통과해 흐르게 됩니다. 이렇게 두 저항을 옆으로 나란히 붙여 놓는 것을 저항의 직렬 연결이라고 해요. 이렇게 연결하면 단면적이 같은 두 물체를 옆으로 이어 놓은 셈이어서 마치 길이가 두 배로 늘어난 물체처럼 작동하겠죠? 즉, 두 저항을 직렬로 연결하면 단면적은 같고 길이가 두 배로 늘어난 것과 같아서 두 물체의 전체 전기 저항은 각 물체의 전기 저항을 더한 것이 됩니다. 저항을 직렬로 연결하면 저항이 커지는 것이죠.

한편, 같은 두 물체를 위아래로 나란히 늘어놓고 양쪽 끝을 모아 봅시다. 이렇게 연결하는 것을 병렬 연결이라고 해요. 건전지에 연결하면 두 물체는 단면적이 두 배가 된 셈이죠. 단면적이 늘어났으니 저항은 줄어들겠죠? 저항을 직렬로 연결하면 전체의 저항은 커지고, 병렬로 연결하면 저항은 줄어듭니다.

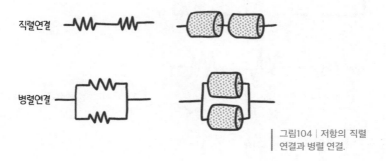

그림104 | 저항의 직렬 연결과 병렬 연결.

## ● 잘라 낸 껌 종이의 전기 저항 구조

이번 실험에서 사용한 껌 종이로 다시 돌아가 보죠. 껌 종이의 한쪽 면을 이루는 은색 금속 부분은 정말 얇기는 하지만 당연히 어느 정도의 두께가 있어요. 오려낸 껌 종이의 왼쪽과 오른쪽 부분은 폭이 넓어서 단면적이 크고, 둘을 연결하는 가운데의 다리 부분은 폭이 좁아서 단면적이 작습니다. 전기 저항은 단면적이 작아지면 커지니까, 다리 부분의 전기 저항이 양쪽의 폭이 넓은 부분에 비해서 상당히 더 크게 되는 것이죠. 결국, 껌 종이 전체는 마치 세 개의 저항이 직렬로 연결되어 있는 전기 회로처럼 작동하게 되고, 아래 그림에서 $R_1=R_3 \ll R_2$를 만족하게 됩니다. 가운데 부분의 폭을 더욱 가늘게 하면 그곳의 전기 저항 $R_2$를 더 크게 할 수 있고요.

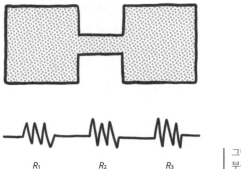

그림105 │ 잘라 낸 껌 종이의 각 부분을 전기 저항에 빗댄 그림.

물체의 양쪽에 전위차가 있으면 물체 안의 전하가 한쪽으로 흐르는 것이 전류입니다. 전위차가 있어서 전하가 움직이고 싶은데 움직이지 못하게 방해하는 효과가 큰 것이 저항이 크다는 의미죠. 움직이고 있던 전하가 움직임에 방해를 받으면 전하가 가지고 있던 운동 에너지가 줄어들겠죠? 그렇다고 해서 에너지 보존 법칙에 위배되는 것은 아닙니다. 전하가 가지고 있던 운동 에너지의 일부는 금속을 이루고 있는 원자핵과 전자들의 마구잡이 열운동 형태로 변화하니까요. 결국 저항이 있는 물체에 전류가 흐르면 물체의 온도가 오르게 됩니다. 저항이 더 큰 물체가 더 빨리 뜨거워지겠죠? 결국 오려 낸 껌 종이의 가운데 부분의 전기 저항이 커서, 그 부분의 온도가 빠르게 오르게 됩니다.

모든 물질에는 발화점이라는 온도가 있어요. 발화점보다 높은 온도에 도달하면 그 물질에는 저절로 불이 납니다. 생일 케이크의 초에 불을 붙일 때 사용하는 성냥도 마찬가지죠. 성냥을 그으면 마찰로 인해서 성냥을 구성하는 물질들의 마구잡이 열운동이 더 커져서 온도가 높아져요. 이렇게 오른 온도가 성냥의 발화점보다 높은 온도가 되면 성냥에 불이 붙는 것이죠. 이번 실험에서도 전류와 전기 저항 때문에 가운데 부분의 온도가 높아집니다. 그러다 껌 종이의 한쪽 면을 이루는 종이 부분의 발화점보다 온도가 더 높아져 결국 불이 붙는 거예요.

이제 껌 종이에 불이 붙는 이유를 잘 알겠죠? 그렇다면 처음 제가 실험을 할 때 불이 붙지 않았던 이유도 이해했나요?

껌 종이 가운데 부분의 전기 저항이 충분히 크지 않아서입니다. 첫 실패 후에는 가위로 가운데 부분의 폭을 더 좁게 잘라 저항을 높였죠. 만약 폭을 더 좁게 했다면 불이 더 크게 붙을 수 있었을 것 같아요. 여러분도 한번 시도해 보세요. 폭을 좁게 오려 냈는데도 불이 붙지 않으면 전압이 더 큰 건전지를 연결하면 도움이 될 겁니다. 전압이 크면 껌 종이를 통해 흐르는 전류도 커져서 열도 더 많이 발생하거든요. 아참, 불이 다른 곳에 옮겨붙지 않도록 꼭 조심하고요.

# 놀이공원의
# 거대 장난감에 숨은 물리

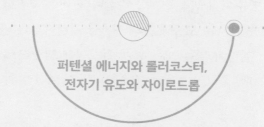

### 퍼텐셜 에너지와 롤러코스터,
### 전자기 유도와 자이로드롭

놀이공원 좋아하나요? 전 놀이기구 타는 것을 정말 좋아한답니다. 예전에 우리 연구실 대학원생들과 개교기념일에 함께 놀이공원에 간 적이 있는데요, 가방에서 읽던 논문을 꺼내서 손에 들고 놀이기구를 타는 연출 사진도 찍어 봤습니다.

그림106 | 물리학자들은 놀이 기구를 타면서도 논문을 읽는다! (사진: 김범준 소장)

오랜만에 사진을 보니 함께했던 학생들이 많이 그립군요.

놀이공원에서 제가 제일 좋아하는 놀이 기구는 롤러코스터입니다. 탑승 후 안전벨트를 단단히 매면 곧이어 롤러코스터 차량이 출발합니다. 모든 롤러코스터는 처음에는 기찻길 같은 궤도를 따라 점점 위로 올라갑니다. 처음 출발한 위치보다 점점 높아지는 도중에는 외부에서 에너지가 공급되어야만 해요. 질량이 있는 모든 물체에는 아래 방향으로 중력이 작용하는데, 중력의 방향에 거스르려면 에너지가 꼭 필요하니까요.

중력에 의한 퍼텐셜 에너지는 아래에 있을 때 작은 값을 갖고, 위에 있을 때 더 큰 값을 갖습니다. 따라서 위로 올라가면 중력에 의한 퍼텐셜 에너지가 늘어나게 되는데, 세상에 공짜는 없으므로 이만큼의 에너지는 전기를 이용해서 공급해 주어야 합니다. 전기로 모터를 회전시키고 이를 이용해서 롤러코스터를 높은 위치로 옮기는 겁니다. 대부분의 롤러코스터에는 전기의 형태로 공급하는 에너지가 처음에만 필요합니다. 높은 꼭대기에 롤러코스터가 도착하면 그다음에는 전기를 끊어도 됩니다. 중력에 의한 퍼텐셜 에너지만을 이용해서 롤러코스터가 아래로 빠르게 움직이거든요.

117~123쪽에서 자세히 설명한 역학적 에너지의 보존을 생각하면, 꼭대기에서 출발한 롤러코스터가 아래로 내려오면서 중력에 의한 퍼텐셜 에너지가 운동 에너지로 변환된다는 것을 알 수 있어요. 롤러코스터가 아래로 내려갈수록 줄어

든 퍼텐셜 에너지만큼 운동 에너지가 커지고, 따라서 점점 속
도가 빨라지게 됩니다.

롤러코스터 구간별로도 에너지의 형태가 달라집니다. 전
기 에너지가 중력에 의한 퍼텐셜 에너지로 먼저 변환되고, 다
음에는 중력에 의한 퍼텐셜 에너지가 운동 에너지로 변환되
며 아래로 빠르게 낙하합니다. 도중에 궤도가 다시 높아질 때
에는 운동 에너지가 줄어들면서 그만큼 중력에 의한 퍼텐셜
에너지는 늘어나죠.

그림107 | 94m 상공에
서 낙하한 후 122도 회
전을 선보이는 세계 최
초의 기가 코스터 밀레
니엄 포스(미국 오하이
오주).

만약 롤러코스터와 궤도 사이에 아무런 마찰이나 공기 저
항이 없다면 어떨까요? 전체 궤도를 한 바퀴 운행하고 출발
한 위치로 돌아올 때의 롤러코스터의 속도가 아주 빠를 것입
니다. 처음에 높은 곳으로 이동할 때 늘어난 중력에 의한 퍼
텐셜 에너지가 전혀 줄어들지 않고 모두 운동 에너지로 변환
되니까요. 그렇게 된다면 처음 탑승한 위치에 롤러코스터가

정차하도록 브레이크 장치를 작동시켜야 할 거예요. 에너지 손실이 전혀 없는 롤러코스터라면 전체 궤도의 길이를 얼마든지 길게 할 수도 있겠죠. 현실에서는 당연히 롤러코스터의 역학적 에너지가 마찰과 저항으로 인해 줄어들게 됩니다. 얼마나 많은 에너지가 손실되는지를 잘 계산하지 않으면 롤러코스터가 원래의 출발 위치에 못 미쳐서 나중에 정지할 수도 있어요. 이처럼 롤러코스터의 궤도를 설계하는 것은 무척 정교한 공학적 계산이 필요한 일입니다. 사람들에게 짜릿한 즐거움을 주면서도 위험하지 않게 설계해야 하니까요.

물리학의 에너지 보존 법칙은 어떤 경우에도 성립해요. 그렇다면 마찰과 저항으로 롤러코스터가 잃어버린 에너지 역시 자연의 다른 형태의 에너지로 변환되어야겠죠? 롤러코스터의 퍼텐셜 에너지는 궤도를 구성하는 많은 원자들의 마구잡이 운동 에너지로 변환되어 궤도의 온도가 올라가고, 소리로도 변환되어 에너지를 공기 중으로 전달해요. 우리 얼굴에 충돌한 기체 분자의 운동 에너지도 늘어나겠죠. 이런 모든 형태의 에너지를 모두 더할 수 있다면 에너지 보존법칙이 성립하는 것을 확인할 수 있을 겁니다.

그림108을 보면 원 모양으로 완전히 롤러코스터 궤도를 한 바퀴 회전시킨 구간이 있네요. 이곳을 롤러코스터가 통과할 때 아래로 떨어지는 사고가 나지 않는 이유는 무엇일까요? 줄에 물체를 매달고 팔로 빙빙 돌리는 것을 생각해 보세요. 충분히 빠른 속도로 돌린다면 원형의 궤도를 따라 물체를

계속 돌릴 수 있죠? 같은 원리입니다. 롤러코스터가 궤도의 가장 높은 곳을 지나갈 때 속도가 충분히 빠르다면 롤러코스터는 아무 문제 없이 안전하게 한 바퀴 돌아 나갈 수 있습니다. 물구나무선 것처럼 머리가 아래에 있는 여러분의 엉덩이도 좌석에 딱 붙어 있을 테고요. 원 운동에 관련한 물리학으로 설명할 수 있는 현상입니다.

우리가 짜릿한 즐거움을 느끼는 이유는 바로 물리학의 에너지 보존 법칙 때문이에요. 다음에 놀이공원에서 롤러코스터를 탈 때, 에너지 보존 법칙을 한번 떠올려 보세요.

그림108 | 중력에 의한 퍼텐셜 에너지를 이용하는 롤러코스터는 거꾸로 한 바퀴 돌 수도 있다.

자이로드롭이라고 불리는 짜릿한 놀이 기구인 드롭 타워에도 물리가 적용되어 있어요. 동그랗게 늘어선 좌석에 사람들이 빙 둘러 앉으면 좌석 전체가 커다란 기둥을 따라서 천천히 위로 올라갑니다. 기둥 꼭대기 부근에 도달한 다음 갑자기 아래로 빠르게 낙하를 시작하면 사람들이 즐거운 비명을 지르죠. 자동차의 속력을 낮출 때 작동하는 브레이크 장치도 보이지 않는데, 떨어지는 자이로드롭은 속도가 줄면서 안전하게 땅으로 내려옵니다. 자이로드롭은 어떤 원리로 낙하 속도를 줄이는 것일까요?

그림109 | 놀이공원의 자이로드롭. 높은 곳에서 자유 낙하하지만 안전하게 착지한다.

전자기 유도(Electromagnetic induction)
시간에 따라 변하는 자기장이 전기장을 만들어 내고, 시간에 따라 변하는 전기장이 자기장을 만들어 내는 것을 전자기 유도라고 한다. 자기장이 변할 때 유도되는 전류의 방향은 자기장의 변화를 방해하는 방향이다.

자이로드롭에는 쉽고 재미있는 자석의 원리가 적용되어 있답니다. 막대 자석 주변에 철가루를 뿌린 다음에 찍은 사진, 본 적 있죠? 자석은 자기장을 만들어 내요. 자석 주변에 놓인 철가루는 자기가 있는 위치에서의 자기장의 방향을 따라 정렬하게 됩니다. 철가루가 늘어선 방향이 바로 막대 자석

부근의 자기장의 방향과 같아요.

자이로드롭에서 사람들이 빙 둘러 앉은 원 모양의 좌석 안에는 자석이 들어 있어요. 높은 곳에서 낙하를 시작한 자이로드롭은 금속 같은 전기의 도체로 만들어진 높은 기둥을 따라서 낙하합니다. 예를 들어 자이로드롭 본체의 자석이 N극을 아래로 해서 낙하한다고 가정해 봅시다. 전자기 유도에 따라서 원기둥에 빙 둘러 흐르는 전류가 만들어지고, 이렇게 만들어진 유도 전류로 인해 N극이 위를 향하는 자기장이 만들어지게 됩니다. 그래야 전자기 유도 현상으로 자신에게 다가오는 N극의 자기장을 방해하기 때문이죠.

결국 낙하하는 자이로드롭은 N극을 아래로 향해 떨어지는 자석을, 원기둥에 흐르는 전류가 유도해 만들어 낸(N극을 위로 한) 자석이 방해하는 셈이 됩니다. 자석의 같은 극을 가까이 대면 두 자석이 서로 밀어내는 것처럼요. 결국 아래로 낙하하는 자이로드롭은 속도가 줄어들게 됩니다. 낙하 속도가

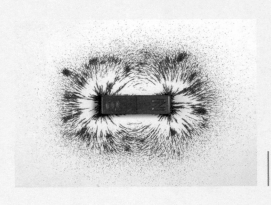

그림110 | 자석 주변에 뿌린 철가루로 볼 수 있는 자기장.

줄면 자이로드롭을 위로 미는 유도 전류가 만든 힘도 같이 줄어서, 지면에 가까워지면 아주 부드럽게 천천히 내려오게 됩니다. 우리가 타고 있는 원형 좌석이 브레이크 장치가 없어도 낙하하면서 속도가 줄어 안전하게 땅에 도착하는 것은 바로 전자기 유도 현상 덕분입니다.

전자기 유도는 우리 주변에서도 널리 이용되는 물리학의 현상입니다. 요즘 전기로 작동하는 전기차나 하이브리드 자동차도 속도를 줄일 때 전자기 유도를 이용해요. 자이로드롭의 속도를 줄이는 원리와 정확히 같아요. 그리고 이때 생성된 유도 전류를 이용해서 자동차의 배터리를 다시 충전할 수도 있죠. 자동차를 감속시키면서 배터리 충전도 할 수 있는, 꿩 먹고 알 먹는 방식으로 전자기 유도 현상이 이용되고 있습니다.

# 그림 출처

그림12 │ Chandra X-ray Observatory.

그림19 │ Speedy1910, 위키 미디어.

그림23 │ 퍼블릭 도메인.

그림32 │ Никита Лазоренко, 픽사베이.

그림33 │ ivorysaga, 픽사베이.

그림36 │ Jonathan Ford, 언스플래시.

그림38 │ 리타 그리어의 로버트 훅 프로젝트.

그림40 │ 퍼블릭 도메인.

그림50 │ Sunder Muthukumaran, 언스플래시.

그림54 │ Andrej Privizer, 셔터스톡.

그림55 │ https://www.amazon.co.uk/Reusable-Hand-Warmers-Click-Pocket/
dp/B0BJ7H36FH

그림60 │ Pavel L Photo and Video, 셔터스톡

그림61 │ 퍼블릭 도메인.

그림67 │ A. P. J. Bree 등의 2003년 논문 "Reversing the Brazil-Nut Effect".

그림79 │ Happyel777, 셔터스톡.

그림84 │ Tyndall의 1869년 책 "Natural Philosophy in Easy Lesson".

그림93 │ 퍼블릭 도메인.

그림96 | losmininos, Flickr, 퍼블릭 도메인.

그림100 │ https://www.digikala.com/product/dkp-5021827/اباز-یکفکری-مدل-
marks-thinking-putty/

그림109 │ Johnathan21, 셔터스톡.

그림110 │ ShutterStockStudio, 셔터스톡.

본문에는 저자와 출판사가 직접 그리고 촬영한 도판과 저작권이 없거나 소멸된 도판을 구매/다운로드하여 사용하였습니다.